普通高等教育"十二五"规划教材

水土保持与荒漠化防治专业实验指导

张永涛 董 智 主编

科学出版社

北 京

内 容 简 介

　　水土保持与荒漠化防治专业涉及面广，可以安排的实验教学内容众多。本书循着水土流失的影响因子这条主线，对本科实验教学中常见的可操作性强的实验进行分类，分为气象因子类实验、植被因子类实验、土壤因子类实验、水文因子类实验、综合因子类实验。实验内容紧密结合教学大纲，基本涵盖了水土保持与荒漠化防治专业基础课、专业课常见的实验项目。本书的特点是打破课程界限，按水土流失影响因子对实验进行分类，可以加深学生对该因子的认识，可为学生在实验、实习和毕业论文设计时按照因子模块选择专业研究方向提供较好的指导。

　　本书主要服务于水土保持专业本科生实验教学，也可供研究生、科研工作者和相关行业人员参考使用。

图书在版编目（CIP）数据

水土保持与荒漠化防治专业实验指导/张永涛，董智主编. —北京：科学出版社，2016

普通高等教育"十二五"规划教材
ISBN 978-7-03-048759-9

Ⅰ. ①水… Ⅱ. ①张… ②董… Ⅲ. ①水土保持-教材 ②土地沙漠化-防治-教材 Ⅳ. ①S157 ②F301.24

中国版本图书馆 CIP 数据核字（2016）第 131739 号

责任编辑：吴美丽 / 责任校对：贾伟娟
责任印制：张　伟 / 封面设计：铭轩堂

科学出版社 出版
北京东黄城根北街 16 号
邮政编码：100717
http://www.sciencep.com

北京凌奇印刷有限责任公司 印刷
科学出版社发行　　各地新华书店经销

*

2016 年 5 月第　一　版　　开本：787×1092　1/16
2021 年 12 月第四次印刷　　印张：10
字数：240 000

定价：39.80 元
（如有印装质量问题，我社负责调换）

《水土保持与荒漠化防治专业实验指导》
编写委员会

主　　编：张永涛（山东农业大学、山东省土壤侵蚀与生态修复重点实验室）

　　　　　董　智（山东农业大学、山东省土壤侵蚀与生态修复重点实验室）

副 主 编：刘　霞（南京林业大学）

　　　　　李红丽（山东农业大学、山东省土壤侵蚀与生态修复重点实验室）

　　　　　张荣华（山东农业大学、山东省土壤侵蚀与生态修复重点实验室）

其他编委：张光灿（山东农业大学、山东省土壤侵蚀与生态修复重点实验室）

　　　　　杨吉华（山东农业大学、山东省土壤侵蚀与生态修复重点实验室）

　　　　　高　鹏（山东农业大学、山东省土壤侵蚀与生态修复重点实验室）

　　　　　张淑勇（山东农业大学、山东省土壤侵蚀与生态修复重点实验室）

　　　　　牛　勇（山东农业大学）

　　　　　丁修堂（山东农业大学）

　　　　　李海福（沈阳农业大学）

　　　　　左合君（内蒙古农业大学）

前　言

　　中国是世界上水土流失最为严重的国家之一，水土流失面积大、范围广、危害严重，水土流失已经成为限制社会经济可持续发展的关键因素，并得到了人们越来越多的关注。影响水土流失的因素复杂多样，需要采取综合治理措施才能解决水土流失问题。这就决定了水土保持与荒漠化防治是一门综合性、实践性、应用性很强的学科。它涉及面广，涵盖农、林、水、气象、土壤、工程、规划、法律等多个学科的相关内容。该专业既要求学生有综合运用理论知识的能力，更要求学生有较高的实践动手能力，只有切实把实践教学放到突出的位置才能更好地提高实践能力。为了实现这一培养目标，结合水土保持与荒漠化防治专业人才培养的特点，特编写了本实验指导。

　　本书从影响水土流失的环境要素出发，主要内容包括气象因子类实验、植被因子类实验、土壤因子类实验、水文因子类实验、综合因子类实验等。由于可以安排的实验教学内容众多，为了突出重点，在撰写过程中重点考虑了实验方法的实用性和可操作性，选取了在水土保持与荒漠化防治专业应用广泛、有代表性、紧密贴近教学大纲的实验内容，基本涵盖了专业基础课、专业课常见的实验项目。本书的特点是打破了课程界限，按水土流失影响因子对实验进行分类，可以加深学生对不同影响因子的认识，在学生毕业实习、考研选择研究模块和研究方向时，能起到较好的指导作用。不同读者在使用本书的过程中，可根据当地水土保持的工作特点对相关内容进行选择、调整或增减。

　　本书主编单位为山东农业大学、山东省土壤侵蚀与生态修复重点实验室，参编单位有南京林业大学、沈阳农业大学、内蒙古农业大学。全书由上述单位多位教师分工合作共同编写而成，是集体智慧的结晶。在本书得以顺利出版之际，对所有参加编写的单位和老师深表谢意。

　　本书由山东省特色名校工程建设专项经费资助，承蒙山东农业大学和科学出版社的筹划和指导，参照了多所高校水土保持与荒漠化防治专业的人才培养方案，参考和引用了众多专家学者的专业教材、研究成果和相关资料，限于体例，有些未能一一注明。在此，谨向有关作者和单位致以诚挚的谢意！向所有关心、支持和帮助本书出版的单位和人士表示最衷心的感谢！

　　由于编者水平有限，书中难免存在一些不足、遗漏甚至错误之处，真诚希望广大读者给予批评指正。

编　者
2016 年 3 月

目 录

第1章 气象因子类实验 ... 1
- 1.1 降水量测定 ... 1
- 1.2 林内降雨量测定 ... 5
- 1.3 树干流测定 ... 8
- 1.4 人工模拟降雨 ... 11
- 1.5 风速风向观测 ... 18
- 1.6 风信资料的整理 ... 20
- 1.7 起沙风速的测定 ... 23
- 1.8 风蚀地表粗糙度的观测 ... 24
- 1.9 小气候观测 ... 25

第2章 植被因子类实验 ... 31
- 2.1 植物种采集与鉴定 ... 31
- 2.2 植被调查 ... 33
- 2.3 水土保持林标准地调查 ... 37
- 2.4 植物根系测定 ... 47
- 2.5 森林枯枝落叶层水容量的测定 ... 48
- 2.6 森林生物量调查 ... 50
- 2.7 植物蒸散量测定 ... 53
- 2.8 林带透风系数的测定 ... 56
- 2.9 林带疏透度的测定 ... 57
- 2.10 林带防风效能的测定 ... 58
- 2.11 林带改善小气候效应测定 ... 59

第3章 土壤因子类实验 ... 61
- 3.1 土壤水分的测定 ... 61
- 3.2 土壤透水性的测定 ... 63
- 3.3 几种主要土壤物理性质的测定 ... 66
- 3.4 土壤质地的测定 ... 69
- 3.5 土壤团聚体组成的测定 ... 75
- 3.6 不同粒径沙粒休止角测定 ... 77
- 3.7 土壤可蚀性测定 ... 79
- 3.8 土壤抗蚀性测定 ... 83
- 3.9 土壤抗冲性测定 ... 85
- 3.10 土壤水稳性团粒组成测定 ... 88
- 3.11 沙物质粒度测定与分析 ... 89

3.12 风沙土机械组成测定 ………………………………………………… 90
3.13 输沙量的观测 …………………………………………………………… 98
3.14 小流域土壤侵蚀强度调查 …………………………………………… 100

第4章 水文因子类实验 …………………………………………………… 103
4.1 坡面径流流速测定 …………………………………………………… 103
4.2 面蚀观测与调查 ……………………………………………………… 105
4.3 坡面细沟侵蚀调查 …………………………………………………… 107
4.4 径流小区径流量、泥沙量的测定 …………………………………… 108
4.5 集水区径流泥沙观测 ………………………………………………… 112
4.6 小流域径流泥沙观测 ………………………………………………… 114
4.7 水文站参观 …………………………………………………………… 118
4.8 水文资料整编 ………………………………………………………… 120

第5章 综合因子类实验 …………………………………………………… 126
5.1 小流域水土保持监测 ………………………………………………… 126
5.2 土地利用现状调查 …………………………………………………… 129
5.3 小流域水土流失综合防治措施调查 ………………………………… 132
5.4 开发建设项目水土保持调查 ………………………………………… 135
5.5 遥感图像目视解译实践 ……………………………………………… 136
5.6 数据编辑与修改 ……………………………………………………… 139
5.7 空间数据查找与空间分析 …………………………………………… 142
5.8 栅格数据矢量化 ……………………………………………………… 146
5.9 地图创建、整饰与输出 ……………………………………………… 148

第1章 气象因子类实验

1.1 降水量测定

降水是大气中的水以液态或固态的形式到达地面的现象,一定时间内降落在某一面积上的水量为降水量,常用毫米表示。

1.1.1 实验目的

通过本实验,使学生认识使用不同种类雨量计测定降雨量和降雪量的方法,并掌握降水数据的整理与分析。

1.1.2 实验原理

将雨量筒承雨口接收的水量(体积)与其面积的比值称为降雨量。直接用量筒承雨口接收水量的雨量筒称为标准雨量筒。将承雨口接收的雨水导入一定直径的容器,根据容器中水位的变化计算降雨量的仪器称为虹吸式雨量计。将承雨口接收的雨水导入体积一定的翻斗,翻斗蓄满后自动倾倒,并记录翻斗倾倒次数,根据翻斗倾倒次数计算雨量的仪器称为翻斗式雨量计。

降雪量指单位面积上的雪化为水的厚度,通过测定雪的厚度和雪的容重计算降雪量。

1.1.3 实验仪器

1. 雨量器

雨量器是直接观测降水量的器具。它是一个圆柱形金属筒,由承雨器、漏斗、储水瓶和雨量杯组成,如图1-1所示。承雨器口径为20cm,安装时器口一般距地面70cm,筒口保持水平。雨量器下部放储水瓶收集雨水。观测时将雨量器里的储水瓶迅速取出,换上空的储水瓶,然后用特制的雨量杯测定储水瓶中收集的雨水,精确到0.1mm。当降雪时,仅用外筒作为承雪器具,待雪融化后计算降水量。

用雨量器观测降水量的方法一般是采用分段定时观测,即把一天分成几个等长度的时段,如分成4段(每段6h)或分成8段(每段3h)等,分段数目根据需要和可能而定。一般采用2段制进行观测,即每日8:00及20:00各观测一次,雨季时增加观测段次,雨量大时还需加测。日雨量是以每天上午8:00作为分界,将本日8:00至翌

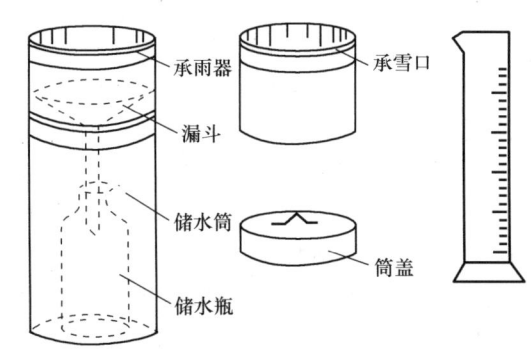

图1-1 雨量器示意图

日 8：00 的降水量作为本日的降水量。

2. 自记雨量计

自记雨量计是观测降雨过程的自记仪器。常用的自记雨量计有 3 种类型：称重式、虹吸式（浮子式）和翻斗式（图 1-2）。称重式能够测量各种类型的降水，其余两种基本上只限于观测降雨。雨量计按记录周期分，有日记、周记、月记和年记。在传递方式上，已研制出有线远传和无线远传（遥测）的雨量计。

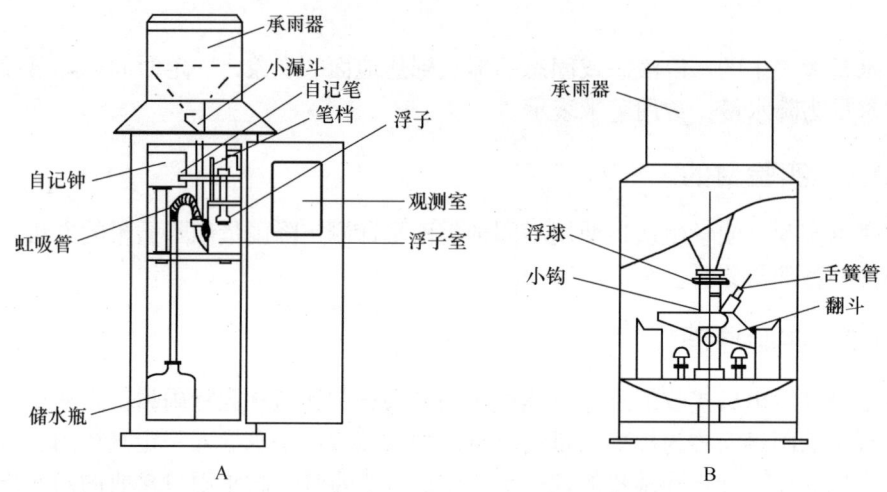

图 1-2　虹吸式自记雨量计（A）与翻斗式自记雨量计（B）示意图

3. 其他仪器、用具

实验仪器包括标准雨量筒、翻斗式自记雨量计、虹吸式自记雨量计；实验用具主要有专用量雨杯、钢尺、量筒、水平尺、笔记本电脑等，以及人工模拟降雨器或喷壶等。

1.1.4　实验步骤

1. 降雨量测定

（1）标准雨量筒的安装。选择地势平坦、开阔的地段作为雨量筒的安装地点，面积要求 4m×4m；用铁锹挖 30cm×30cm×30cm 的坑，将标准雨量筒的支架埋入坑内，将标准雨量筒放入支架内；雨量筒的承雨口距地面高度为 70cm，安装时要求使用水平尺检查雨量筒的承雨口是否水平，如果承雨口不水平，调整支架使承雨口保持水平。

（2）自记雨量计的安装。选择地势平坦、开阔的地段作为雨量筒的安装地点，面积要求 4m×4m，在安装地点事先用混凝土预制 30cm×30cm×15cm 的水泥板，水泥板上预先布设 3 个地脚螺丝，将自记雨量计安装在地脚螺丝上，调整地脚螺丝，使雨量计底座保持水平状态。安装时可以将水平尺放在雨量计的承雨口上检验雨量计是否水平。

（3）标准雨量筒的观测。标准雨量筒安装后打开承雨口上的盖子进行雨量观测。每次降雨后将雨量筒的承雨口卸下，取出储水器，将储水器中的水倒入专用量雨杯测量降雨量。使用量雨杯读数时视线与水面凹面最低处平齐，精确到 0.1mm。如果储水器中的水较多，可以分多次用量雨杯测定，将每次测定的数值相加就是该次降雨的雨量（表 1-1）。

表 1-1　标准雨量筒观测降雨记录汇总表

观测仪器		安装地点	
安装点坐标		海拔/m	
观测员		观测时间	
日期	降雨量/mm	总降雨量/mm	
年月日		降雨天数/天	
年月日		日最大降雨量/mm	
年月日		日最小降雨量/mm	
年月日		0～5mm 的降雨量合计/mm	
年月日		5～10mm 的降雨量合计/mm	
……		10～25mm 的降雨量合计/mm	
……		25～50mm 的降雨量合计/mm	
……		50～100mm 的降雨量合计/mm	
年月日		100～200mm 的降雨量合计/mm	
合计/mm		200mm 以上的降雨量合计/mm	

（4）翻斗式雨量计观测。翻斗式雨量计安装后用连接线将雨量计的数据采集器与笔记本电脑连接，使用专用软件设定数据如采集器的日期、时间、数据记录间隔、数据记录方式、数据存满后的处理方式等。设置好后断开与电脑的连接，自记雨量计开始自动观测。降雨后或一定时间后将雨量计的数据采集器中的数据清零，开始下一轮观测。下载到电脑中的数据用 Excel 表打开，在 Excel 表中整理和摘录降雨开始时间及结束时间、降雨量、降雨过程等降雨指标，并绘制降雨过程线。

在实验过程中如果没有降雨，可以用人工降雨器模拟降雨过程。如果没有人工降雨器可以用 500mL 的量筒取 300mL 清水装入喷壶，以每分钟 5mL 左右的速度将清水缓缓倒入承雨口（模拟降雨过程），并开始计时，直至将 500mL 清水全部喷入承雨口时计时结束，并记录喷水所用时间 T。如果使用的是标准雨量筒，喷水结束后打开雨量筒，取出储水器，将储水器中的水倒入专用量雨杯测量降雨量（应该是 9.55mm），使用量雨杯读数时视线与水面凹面最低处平齐，读至量雨杯的最小刻度。如果使用的是翻斗式自记雨量计，喷水结束后将雨量计的数据存储器与笔记本电脑连接，用专用软件从雨量计数据采集器中下载数据，并用 Excel 表打开记录，在 Excel 表中观测降雨开始时间和结束时间、降雨过程数据以及总降雨量（应该是 9.55mm）。

2. 降雪量测定

在观测场地内选择平整地面，直接用钢尺插入积雪中测定积雪厚度 H（单位为 mm），在不同地点重复观测 5 次以上。同时在每个观测点采用 100mL 的取雪器取雪样，装入塑料袋。在室内让雪样融化后用量筒测定雪水量 V（单位为 mL）或直接利用天平称重雪水，再利用积雪厚度 H 的平均值和 100mL 积雪的水量 V 的平均值计算出降雪量 Rs（单位为 mm）：Rs＝HV/10。

1.1.5 数据整理与分析

1. 自记雨量计的数据整理与分析

如果观测的是天然降雨,可以直接在 Excel 表中统计降雨开始时间、降雨结束时间、降雨历时、平均降雨强度、5min 最大降雨强度、10min 最大降雨强度、30min 最大降雨强度、60min 最大降雨强度以及降雨过程线(表 1-2)。

表 1-2 自记雨量计观测场降雨记录表

观测仪器		安装地点	
安装点坐标		海拔/m	
观测员		观测时间	
原始数据记录		汇总数据	
日期与时间	降雨量/mm	场降雨量/mm	
年月日时分		降雨开始时间	
年月日时分		降雨结束时间	
年月日时分		降雨历时/min	
年月日时分		平均降雨强度/(mm/min)	
年月日时分		5min 最大降雨强度/(mm/min)	
……		10min 最大降雨强度/(mm/min)	
……		30min 最大降雨强度/(mm/min)	
……		60min 最大降雨强度/(mm/min)	
年月日时分			
合计/mm			

标准雨量筒的数据整理与分析:如果使用的是标准雨量筒,用专用量雨杯测量出的数值即为降雨量。每次记录降雨量日期和降雨量。观测一定时间后,整理日降雨量、月降雨量、场降雨量、最大日降雨量、最大场降雨量等。

2. 降雪量的数据整理

计算出平均积雪厚度、平均降雪量(表 1-3)。

表 1-3 降雪记录表

观测员		观测时间			
日期与时间	积雪深/mm	取样编号	取样体积/mL	雪水重/g	降雪量/mm
年月日时分					
年月日时分					
年月日时分					
年月日时分					

续表

日期与时间	积雪深/mm	取样编号	取样体积/mL	雪水重/g	降雪量/mm
年月日时分					
……					
……					
……					
年月日时分					
合计/mm					

1.1.6 实验报告

实验报告的内容包括两方面：一方面为观测仪器安装说明，另一方面为降水统计表。

观测仪器安装说明包括：安装地点的名称与坐标、周围环境说明、观测场平面图、仪器安装高度、仪器型号、精度等。

降雨统计表包括：降雨日期、降雨开始时间、降雨结束时间、降雨历时、降雨量、平均降雨强度、10min 最大降雨强度、30min 最大降雨强度、60min 最大降雨强度、降雨过程线。

降雪统计表包括：降雪时间、降雪厚度、降雪密度、降雪量。

1.2 林内降雨量测定

林内降雨量是指降雨过程中直接从枝叶空隙中降落地面的雨量与从枝叶上掉落到地面的雨量之和。由于林冠枝叶以及枝叶空隙的空间分布极不均匀，林内降雨的分布也不均匀，因此，林内降雨量的测定必须增大雨量器的承雨面积或增加林内雨量器的数量。增大雨量器承雨面积主要采用承雨槽法，增加林内雨量器数量常用网格法。

1.2.1 实验目的

林内降雨是计算林冠截留量的主要依据，林内降雨直接参与地表径流的形成，更是林地土壤水分的主要来源，因此林内降雨的测定是水文与水资源学中必须掌握的内容。本实验的主要目的是使学生认识林内降雨测定的主要仪器承雨槽、掌握量水计的实验原理和使用方法、掌握林内降雨的主要测定方法和林内降雨数据的整理与分析方法。

1.2.2 实验原理

降落到林冠上方的降雨，在林冠的作用下，一部分降雨穿过林冠空隙直接降落到地面，称为穿透降雨。一部分降落在树枝和树叶上后再降落到地面，称为滴下降雨。还有一部分经树枝汇集到树干后沿树干流到地面，称为树干流。林内降雨包括穿透降雨和滴下降雨两部分，测定林内降雨就是测定穿透降雨与滴下降雨之和。采用承雨槽测定林内降雨时,承雨槽接收的水量与承雨槽面积的比值即为林内降雨量。采用网格法测定林内降雨时,各个雨量计测定的雨量平均值就是林内降雨量。

1.2.3 实验仪器

(1)实验用的仪器为雨量计、量水计、压力式水位计、承雨槽等。

量水计的实验原理与翻斗式雨量计相同,但翻斗的体积更大,一般为 100~500mL。量水计内一般安装有计数器和计时器,记录翻斗倾倒的次数和时间,根据翻斗倾倒的次数计算流入量水计的水量。

承雨槽为 100cm×20cm×20cm 的铁皮槽,铁皮槽厚 1mm 左右(图 1-3)。承雨槽的断面形状可以为任何规则的几何形状,如正方形、圆形等,在选择承雨槽形状时以计算面积和加工较简单为行为原则。

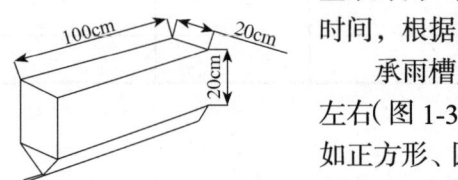

图 1-3 承雨槽示意图

(2)其他实验仪器及用具。实验过程中需要使用的工具包括铁锹、镰刀、钢钎、榔头、软管、塑料桶、喷壶、直尺、量筒、测坡器、手持罗盘、GPS 定位仪、笔记本电脑等。

1.2.4 实验步骤

承雨槽法观测林内降雨

(1)仪器安装。在观测林地内选择能够代表林冠平均覆盖状况的地段安装承雨槽。承雨槽可以沿等高线布设,也可以沿坡面布设,布设时需要让承雨槽保持一定的倾斜角度,以保证承雨槽接收的林内降雨能够及时流到塑料桶或量水计中。将承雨槽用钢钎固定在地面,或用架子架在空中。承雨槽必须安装牢固,以防倾倒。将承雨槽出口水用塑料袋软管连接到塑料桶中或直接导入量水计中,塑料桶的体积要能容纳承雨槽收集的一次降雨所产生的全部雨量。安装好后用测坡器测定承雨槽与水平面的夹角。如果用塑料桶进行测定,塑料桶必须有盖,以防止雨水直接进入塑料桶而影响测量结果。

(2)人工观测。将承雨槽中接收的雨水通过排水孔导入塑料桶中保存,降雨后进行人工测定。测定时将塑料桶中收集的雨水倒入 1000mL 的量筒直接测定体积,并记录降雨日期和测定日期。也可以将塑料桶放在一个水平台上,用钢尺测定水深,根据塑料桶的底面积计算出塑料桶中水的体积(用积水深度乘以塑料桶的底面积)。如果在塑料桶内放置一个压力式水位计,也可以实现自动观测,即每次降雨后将压力式水位计取出,与笔记本电脑连接,读取水位变化数据,利用某一时刻水位数据乘以塑料桶底面积,便可以得出该时刻为止林内的降雨量(因压力式水位计测定的数据受大气压力的影响,可以用直尺测定的塑料桶内水位值对压力式水位计的测定值进行校正)。

(3)自动观测。如果将承雨槽的排水孔通过塑料软管与量水计连接,降雨时承雨槽接收的林内降雨便可以用量水计自动观测。仪器安装好后用专用软件对量水计进行设置,设置内容包括日期、时间、数据记录间隔、仪器编号、观测地点等基本信息。林内降雨观测设施开始工作后,每隔一定时间或每次降雨后将量水计与笔记本电脑连接,下载量水计中的观测记录,用 Excel 表格或专用软件打开观测记录,整理林内降雨开始时间、降雨结束时间、林内降雨强度、林内降雨量、林内降雨历时等各项观测指标。

实验过程中如无降雨,可以采用人工模拟降雨,即在喷壶中装满清水,用喷壶在承雨槽上方人工模拟林内降雨,并记录开始时间和结束时间。人工观测塑料桶中水位随时间的变化或用压力式水位计记录塑料桶中水位变化,利用水位和塑料桶底面积计算出由承雨槽汇集的水量(表1-4和表1-5)。

表1-4 承雨器法测林内降雨人工实验原理原始记录表

林分类型		密度/(株/hm²)		林龄/年		地点		坐标	
树高/m		胸径/cm		郁闭度/%		承雨器面积/cm²		承雨器个数		坡度/(°)	
林外降雨量/mm		降雨历时/min		平均降雨强度/(mm/min)		5min降雨强度/(mm/min)		10min降雨强度/(mm/min)	
30min降雨强度/(mm/min)		60min降雨强度/(mm/min)		林内雨量/mm				透雨率/%	
承雨器编号	1	2	3	4	5	6	平均		
测定雨量/mm									
林内降雨量/mm									

降雨日期:_____ 观测员:_____

表1-5 承雨器法测林内降雨自动测定记录表

林分类型		密度/(株/hm²)		林龄/年		地点		坐标	
树高/m		胸径/cm		郁闭度/%		承雨器面积/cm²		承雨器个数		坡度/(°)	
林外降雨量/mm		降雨历时/min		平均降雨强度/(mm/min)		5min降雨强度/(mm/min)		10min降雨强度/(mm/min)	
30min降雨强度/(mm/min)		60min降雨强度/(mm/min)		林内雨量/mm				透雨率/%	

承雨器编号							
1		2		3		4	
日期时间	水量	日期时间	水量	日期时间	水量	日期时间	水量
小计		小计		小计		小计	

降雨日期:_____ 观测员:_____

（4）网格法观测林内降雨。林内降雨分布不均，可通过增加林内降雨观测点的方法提高观测精度。根据不同林分（林种）、疏密度、郁闭度等划分观测区间，在每一个观测区内，选择适当面积的标准地，在标准地内按一定距离（数米至10m）划出方格线，在各交点上，布设雨量筒（雨量计）观测林内降雨量。降雨结束后将各点测定的降雨量进行平均即可得到林内降雨量。如果采用自记雨量计可以实现林内降雨的自动观测，但这种方法需要的雨量计数量太多，费用太大，为了节约成本，可以采用面积一定的容器进行观测。

1.2.5 数据整理与分析

设到某一时刻 t，塑料桶中的水量为 V_t（如果采用量水计，可根据到某一时刻翻斗倾倒的次数计算出水量），林内降雨结束后塑料桶内的总水量为 V，承雨槽面积为 S，承雨槽与水平面的夹角为 Φ，则：

到某一时刻 t 时的林内降雨量 $P_{内t}$ 为

$$P_{内t} = V_t / (S\cos\Phi)$$

林内降雨总量（$P_{内}$）为

$$P_{内} = V / (S\cos\Phi)$$

根据 $P_{内}$ 和时间 t 绘制林内降雨过程线，整理出林内降雨开始时间、降雨结束时间、降雨历时、降雨强度，并与林外降雨的各项指标进行对比，评价林冠层对降雨的再分配作用。

1.2.6 实验报告

实验报告内容包括两方面：一方面为林内降雨观测样地基本情况介绍、观测设施的布设与安装说明，另一方面为林内降雨统计表。

林内降雨观测样地基本情况介绍、观测设施的布设与安装说明包括：安装地点的名称与坐标、林分基本情况（地点、林种、树种、树龄、树高、胸径、郁闭度等）、坡度、坡向、坡位、安装点的树冠投影图、观测场平面图、设施的组成、安装方法、承雨槽面积、集雨量的测定方法（体积法、水位计法等）、观测方法等。

林内降雨统计表包括：降雨日期、林外降雨量和降雨过程线、林内降雨开始时间和结束时间、林内降雨历时、林内降雨量、林内降雨过程线。

1.3 树干流测定

1.3.1 实验目的

林冠截留降雨可以减少到达地面的雨量，从而减少形成地表径流的雨量，可见林冠截留量是水土保持林水文生态效益的主要内容，而林冠截留量无法直接测定，只能通过测定树干流量和林内降雨量后，通过水量平衡方程计算。因此树干流的测定是计算林冠截留量的主要依据。树干流沿树干到达地面后直接渗入根际区，对增加根际区的土壤含水量也有重要意义。因此，树干流的测定是水文与水资源学中必须掌握的内容。

通过本实验使学生掌握树干流实验原理、树干流测定装置的安装方法、树冠投影面积测量方法和树干流测定数据的整理与分析方法等。

1.3.2 实验原理

树干流是降雨过程中直接降落在树干上的雨水，以及由枝叶拦截后顺树枝汇集到树干的雨水沿树干流向地面的过程。在此过程中树皮由于含水量未达到饱和，会吸收一部分雨水，但被吸收的雨水量一般很小，可以忽略。因此将沿树干流到地面的水量全部收集起来，测定其体积，便可以得到树干流量。树干流是由整个林冠和树干拦截的雨水汇集而成，因此树干流等于沿树干流下的水的体积除以树冠的投影面积。

1.3.3 实验仪器

（1）如果需要自动监测树干流量和树干流的过程，则需要量水计或压力式水位计；如果只需要测定树干流量，则可以直接用塑料桶测定，但塑料桶必须有盖，以防止降雨直接进入塑料桶，影响测定结果。

（2）其他实验仪器及用具。树干流测定过程中用到的工具包括：直径2cm的塑料软管、剪刀、小钉子、榔头、玻璃胶、玻璃胶枪、塑料桶、500mL或1000mL的量筒、直尺、GPS定位仪等。

1.3.4 实验步骤

1. 树冠投影面积的测定

在观测林地内选择10m×10m的样地，对测定样地进行每木检尺，测定每株树木的胸径、树高。根据每木检尺结果按径阶选定标准木，每个径阶选定1～3棵标准木测定树冠投影面积。测定树冠投影面积时，以树干为中心分别测定树干在正北、东北、正东、东南、正南、西南、正西、西北方向的长度，绘制树冠投影图，计算出树冠投影面积。

2. 树干流观测设施的安装

裁取1m长的塑料软管，并用剪刀将软管剪开备用。在测定样地内每株树木树干上1m高以下部分，沿树干用小刀螺旋形地将枯死的树皮刮去（不能伤害到形成层）。用小钉子将剪开的塑料软管沿树干螺旋形地固定在树干上，塑料软管在树干上至少缠绕两圈，塑料软管必须与树干密切接触。将玻璃胶装在玻璃胶枪上，用玻璃胶枪将玻璃胶挤在塑料管和树干的结合部位，以保证从树干上流下来的雨水全部汇集到半圆形的塑料软管内。将塑料软管的下部竖直插入一定体积的塑料桶内，以收集从树干上汇集的雨水。塑料桶应该用固定桩固定，以防倾倒。塑料桶内可以放置压力式水位计测定树干流量和树干流的过程，用压力式水位计观测树干流时，塑料桶必须保持水平状态。

如果用量水计观测树干流量和树干流的过程，可以直接将塑料软管导入量水计，并设定量水计的日期、时间、数据记录间隔、仪器编号等基本信息。

3. 树干流观测

每次降雨后用直尺测定塑料桶内积水深度（用积水深度乘以塑料桶的底面积为水量V），或直接用500mL或1000mL的量筒量取塑料桶内的水量V，该水量就是树干流量。如果用压力式水位计观测，每次降雨后取出压力式水位计，并与笔记本电脑连接，读取水位随时间的变化数据，利用某一时刻水位数据乘以塑料桶的底面积得出到该时刻的树干流量 V（注意：因压力式水位计测定的数据随大气压力的变化而变化，可以用直尺测定的塑料桶内水位值对压力式水位计的测定值进行校正）。如果用量水计观测，每次降雨后将量水计的数据采集器与笔记本电脑连接，用专用软件下载观测数据后，使用 Excel 表格或专用软件分析树干流开始时间、结束时间、历时、树干流量、树干流过程等基本信息。

实验过程中如无降雨，可以人工模拟树干流过程，即在安装树干流观测设施的树干上方，用喷壶向树干四周喷水，观测树干流的形成过程，并记录喷水总量与树干流开始时间和结束时间。同时人工观测塑料桶中水位随时间的变化过程，利用水位和塑料桶底面积计算出沿树干流下的水量 V。此实验可以用来检验树干流测定装置的观测精度。

1.3.5 数据整理与分析

设到某一时刻 t，第 i 个标准木的塑料桶中的水量为 V_{ti}（如果采用量水计，可根据到某一时刻翻斗倾倒的次数计算出水量），树干流结束后第 i 个标准木的塑料桶内的总水量为 V_i，第 i 个标准木的树冠投影面积为 S_i，n 表示标准木的数量，则：

到某一时刻 t 时的树干流量（$P_{干t}$）为

$$P_{干t}=\frac{1}{n}\sum_{i=1}^{n}V_{ti}/S_i$$

树干流总量（$P_干$）为

$$P_干=\frac{1}{n}\sum_{i=1}^{n}V_i/S_i \quad P_干=V/S$$

根据第 i 个标准木的树干流总量 $P_{干}$ 和时间 t 绘制树干流过程线，并整理出树干流开始时间、结束时间、历时、树干流量，并与林外降雨的各项指标进行对比，评价树干降雨的再分配作用（表 1-6）。

表 1-6 标准木法测定树干流记录表

林分类型		密度/(株/hm²)		林龄/年		坡度/(°)		地点	
树高/m		胸径/cm		郁闭度/%		地理坐标			
林外雨量/mm		降雨历时/min		降雨强度/(mm/min)		降雨日期			
径阶	标准木	树冠投影面积/m²		树干流体积/m³		平均体积/m³		各径阶树干流体积/m³	
	标准木 1								
	标准木 2								
	标准木 3								
	标准木 1								
	标准木 2								
	标准木 3								
	标准木 1								
	标准木 2								
	标准木 3								

观测员：_____   调查日期：_____

根据林外降雨量、林内降雨量、树干流量，计算出林冠截留量、截留率，评价水土保持林林冠的生态水文效益。

1.3.6 实验报告

实验报告的内容包括两方面：一方面为树干流观测样地的基本情况、测定仪器的布设与安装说明，另一方面为树干流统计表。

树干流观测样地的基本情况、测定仪器的布设与安装说明包括：安装地点的名称与坐标、林分基本情况（地点、林种、树种、树龄、树高、胸径、郁闭度、树冠投影面积）、坡度、坡向、坡位、安装点的树冠投影图、观测场平面图、设施的组成、安装方法、树干流量的测定方法（体积法、水位计法等）、观测方法等。

树干流统计表包括：降雨日期、林外降雨量和降雨过程线、树干流开始时间和结束时间、树干流历时、树干流量、树干流过程线。并根据林外降雨量、林内降雨量、树干流量，计算出林冠截留量、截留率，分析对比不同林分的林冠截留降雨的作用。

1.4 人工模拟降雨

1.4.1 实验目的

通过本实验了解人工模拟降雨机的工作原理，掌握降雨导致的土壤侵蚀作用、降雨侵蚀的发生过程、影响降雨侵蚀量的主要因素等。

1.4.2 实验原理

降雨导致的土壤侵蚀量大小，主要取决于降雨历时、降雨强度和降雨量等，同时还受土壤种类（不同土壤的可蚀性不同）、地面坡度、地表覆盖物种类及其覆盖物数量等多种因素的影响。

本实验室内人工模拟降雨系统，采用特定土壤（限于教学时数只能选一种土壤），通过改变有限的因素（降雨量、降雨强度、降雨历时、地面坡度）探讨土壤侵蚀量（土壤流失量）的大小，进而通过分析实验数据得到以上因素与土壤侵蚀量的相关关系。

人工模拟降雨机主要参数及性能：有效降雨面积为 1.5m×1.5m；雨滴发生器至地面垂直高度为 2.0m；降雨强度为 10～200mm/h，连续可调；雨滴直径为 1.7～3.0mm；降雨历时为 0～24h，自主控制；工作方式为手动、半自动、全自动三种方式任选。

1.4.3 实验仪器

可变坡度土壤侵蚀槽 1 个（0.5m×1.5m）、供试土壤适量（1.0m^3 以上）装入土壤侵蚀槽、1000mL 量筒 10 个、1000mL 塑料瓶 30 个、塑料漏斗 30 个、20cm 定性滤纸 2 盒、烘箱 1 个、0.01g 天平 2 个、记录及计算用品适量。

1.4.4 实验设计

1. 地面坡度设计

地面坡度分为 5°、10°、15°、20°、25°、30° 和 35° 7 个坡度级。

2. 地表覆盖物种类及覆盖量设计

地表覆盖物种类主要是指作物秸秆或林下枯落物等。用于覆盖在实验土壤表面的自然材料，按大类划分，可分为不同农作物秸秆、不同林下枯落物等，其下还可按其分解程度划分为未分解、半分解和基本上全分解等。目前有时还使用如无纺布、土工格网布等人工材料作为实验土壤的覆盖材料。

按实验要求，覆盖在实验土壤表面的覆盖物量可用厚度或覆盖在单位面积上的重量表示，如 cm 或 g/cm² 等。

3. 降雨强度设计

降雨强度分为 30mm/h、40mm/h、50mm/h、60mm/h、70mm/h、80mm/h 和 90mm/h 7 个降雨级别。

1.4.5 实验步骤

（1）将填充有土壤样品的可变坡度土壤侵蚀槽安置于人工模拟降雨机的正下方，向人工模拟降雨机注水并调整模拟降雨机的供水阀门至降雨强度为 10mm/h 左右。

（2）将人工模拟降雨机的工作方式置于手动方式档，开启电源使人工模拟降雨机产生降雨约 2h，以使土壤侵蚀槽内的土壤样品含水量逐渐升高到上下一致。

（3）调节土壤侵蚀槽的倾斜角度，使实验土壤的表面坡度达到 5° 并保持这一坡度。调节模拟降雨机的供水阀门至降雨强度为 30mm/h。保持这一降雨强度约 10min，以使土壤侵蚀槽内土壤表面产生的地表径流量均匀一致。

（4）用 1000mL 量筒从土壤侵蚀槽的集水口取含有泥沙的水样 800～1000mL，并记录所采水样体积和所经历的时间段填入表 1-7。将放好滤纸的漏斗置于塑料瓶，将含有泥沙的水样过滤备用。用同样方法连续再取水样两个，分别进行记录和过滤备用。

表 1-7 坡度为 5° 时人工模拟降雨土壤侵蚀记录

水样编号	土面坡度/(°)	降雨强度/(mm/h)	水样体积/mL	历时/min	烘干重/g	产沙量/[g/(m²·h)]
1	5	30				
2	5	30				
3	5	30				
4	5	40				
5	5	40				
6	5	40				
7	5	50				
8	5	50				
9	5	50				
10	5	60				

续表

水样编号	土面坡度/(°)	降雨强度/(mm/h)	水样体积/mL	历时/min	烘干重/g	产沙量/[g/(m²·h)]
11	5	60				
12	5	60				
13	5	70				
14	5	70				
15	5	70				
16	5	80				
17	5	80				
18	5	80				
19	5	90				
20	5	90				
21	5	90				

实验时间： 年 月 日 记录人：

（5）再分别调节模拟降雨机的供水阀门至降雨强度为 40mm/h、50mm/h、60mm/h、70mm/h、80mm/h 和 90mm/h，各保持这些降雨强度约 10min，以使土壤侵蚀槽内土壤表面产生的地表径流量均匀一致，将不同降雨强度的相关数据分别填于表 1-7。然后调节土壤侵蚀槽的倾斜程度，使实验土壤的土面坡度达到 10°、15°、20°、25°、30°和 35°，重复上述实验，将相关数据分别记录于表 1-8～表 1-13。

表 1-8　坡度为 10°时人工模拟降雨土壤侵蚀记录

水样编号	土面坡度/(°)	降雨强度/(mm/h)	水样体积/mL	历时/min	烘干重/g	产沙量/[g/(m²·h)]
1	10	30				
2	10	30				
3	10	30				
4	10	40				
5	10	40				
6	10	40				
7	10	50				
8	10	50				
9	10	50				
10	10	60				
11	10	60				
12	10	60				
13	10	70				

续表

水样编号	土面坡度/(°)	降雨强度/(mm/h)	水样体积/mL	历时/min	烘干重/g	产沙量/[g/(m²·h)]
14	10	70				
15	10	70				
16	10	80				
17	10	80				
18	10	80				
19	10	90				
20	10	90				
21	10	90				

实验时间： 年 月 日　　　　　　　　　　　　　　　记录人：

表 1-9　坡度为 15° 时人工模拟降雨土壤侵蚀记录

水样编号	土面坡度/(°)	降雨强度/(mm/h)	水样体积/mL	历时/min	烘干重/g	产沙量/[g/(m²·h)]
1	15	30				
2	15	30				
3	15	30				
4	15	40				
5	15	40				
6	15	40				
7	15	50				
8	15	50				
9	15	50				
10	15	60				
11	15	60				
12	15	60				
13	15	70				
14	15	70				
15	15	70				
16	15	80				
17	15	80				
18	15	80				
19	15	90				
20	15	90				
21	15	90				

实验时间： 年 月 日　　　　　　　　　　　　　　　记录人：

表 1-10　坡度为 20°时人工模拟降雨土壤侵蚀记录

水样编号	土面坡度/(°)	降雨强度/(mm/h)	水样体积/mL	历时/min	烘干重/g	产沙量/[g/(m²·h)]
1	20	30				
2	20	30				
3	20	30				
4	20	40				
5	20	40				
6	20	40				
7	20	50				
8	20	50				
9	20	50				
10	20	60				
11	20	60				
12	20	60				
13	20	70				
14	20	70				
15	20	70				
16	20	80				
17	20	80				
18	20	80				
19	20	90				
20	20	90				
21	20	90				

实验时间：　　年　　月　　日　　　　　　　　　　　　记录人：

表 1-11　坡度为 25°时人工模拟降雨土壤侵蚀记录

水样编号	土面坡度/(°)	降雨强度/(mm/h)	水样体积/mL	历时/min	烘干重/g	产沙量/[g/(m²·h)]
1	10	30				
2	10	30				
3	10	30				
4	10	40				
5	10	40				
6	10	40				
7	10	50				
8	10	50				
9	10	50				
10	10	60				
11	10	60				

续表

水样编号	土面坡度/(°)	降雨强度/(mm/h)	水样体积/mL	历时/min	烘干重/g	产沙量/[g/(m²·h)]
12	10	60				
13	10	70				
14	10	70				
15	10	70				
16	10	80				
17	10	80				
18	10	80				
19	10	90				
20	10	90				
21	10	90				

实验时间：　　年　　月　　日　　　　　　　　　　记录人：

表 1-12　坡度为 30° 时人工模拟降雨土壤侵蚀记录

水样编号	土面坡度/(°)	降雨强度/(mm/h)	水样体积/mL	历时/min	烘干重/g	产沙量/[g/(m²·h)]
1	30	30				
2	30	30				
3	30	30				
4	30	40				
5	30	40				
6	30	40				
7	30	50				
8	30	50				
9	30	50				
10	30	60				
11	30	60				
12	30	60				
13	30	70				
14	30	70				
15	30	70				
16	30	80				
17	30	80				
18	30	80				
19	30	90				
20	30	90				
21	30	90				

实验时间：　　年　　月　　日　　　　　　　　　　记录人：

表 1-13　坡度为 35° 时人工模拟降雨土壤侵蚀记录

水样编号	土面坡度/(°)	降雨强度/(mm/h)	水样体积/mL	历时/min	烘干重/g	产沙量/[g/(m²·h)]
1	10	30				
2	10	30				
3	10	30				
4	10	40				
5	10	40				
6	10	40				
7	10	50				
8	10	50				
9	10	50				
10	10	60				
11	10	60				
12	10	60				
13	35	70				
14	35	70				
15	35	70				
16	35	80				
17	35	80				
18	35	80				
19	35	90				
20	35	90				
21	35	90				

实验时间：　　年　　月　　日　　　　　　　　　　　　　　记录人：

（6）按不同土面坡度将水样编号用铅笔分别写在过滤纸上，放入干燥箱内（烘箱温度应≤80℃）烘 5~7h 后，取出包有泥沙的过滤纸称重。扣除过滤纸重量后将泥沙量分别记入表 1-7~表 1-13 的相关栏内。

1.4.6　数据整理与分析

将表 1-7~表 1-13 的地面坡度、降雨强度和产沙量栏内的实验数据整理（将相同地面坡度和同一降雨强度下的 3 个产沙量数据初步对比分析。如果相对相差均≤5%时，取其 3 个产沙量数据的平均值作为该种条件下的产沙量值；如果其中一个数据的相对相差均>5%时，则剔除该数据取另两个产沙量数据的平均值作为该种条件下的产沙量值）后，输入计算机以产沙量为应变量、以土面坡度和降雨强度为自变量，进行多元线性回归分析，得

$$y = ax_1 + bx_2 + c$$

式中：y 为土壤侵蚀量，g/(m²·h)；x_1 为土面坡度，(°)；x_2 为降雨强度，mm/h；a、b 分别为变量的系数；c 为常数。

1.4.7 实验报告的编写

描述实验过程，根据数据分析结果和构建的回归数学模型，讨论降雨强度、地面坡度对土壤侵蚀量的影响。

1.5 风速风向观测

1.5.1 实验目的

学生在理论教学环节已经掌握了本门课程的基本理论，本次实验的目的是使学生对学过的知识有进一步的深化和巩固，增强学生对风速、风向的感性认识，掌握野外研究风的问题的方法，培养学生在实践中发现问题、分析问题和解决问题的能力。

1.5.2 实验内容

由于实验时间的限制，本次实验选择不同地点、不同高度、不同防风距离的风速测定，主要目的是使学生系统地掌握风速风向的运动规律，了解并掌握风速仪的使用和测定方法、资料的整理，并理解防风途径和具体措施。

1.5.3 实验仪器

电接风向风速计、卷尺、记录表格等。

1.5.4 实验步骤

风速观测

电接风向风速计是由感应器、指示器、记录器组成的有线遥测仪器。

感应器安装在室外的塔架上，指示器和记录器置于室内，指示器与感应器用长电缆相连，记录器与指示器之间用短电缆连接。感应器上部为风速表，下部为风向标，如图 1-4 所示。风速表由风杯、交流发电机、蜗轮、导电环、接触簧片等组成。当风带动

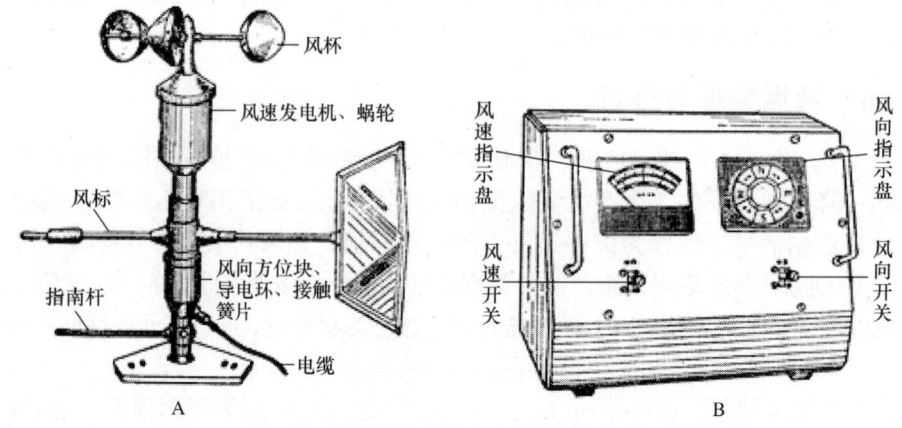

图 1-4 EL 型电接风向风速计感应器（A）与指示器（B）

风杯转动时，随着风标的转动，带动接触簧片，在导电环和方位块上滑动，接通相应电路。电机就有交流电输出，电流的大小可反映出风速的大小。

指示器由瞬时风向指示盘、瞬时风速指示盘和电源等组成，如图 1-4 所示。风向指示盘以八灯盘来指示瞬时风向。风速指示盘是一个电流表，表上有两个量程，分别为 0～20m/s 和 0～40m/s，用以观测瞬时风速。

记录器由 8 个风向电磁铁、一个风速电磁铁、自记钟、风速自记笔、笔挡、充放电线路等部分组成，如图 1-5 所示，对风向、风速进行自动记录。

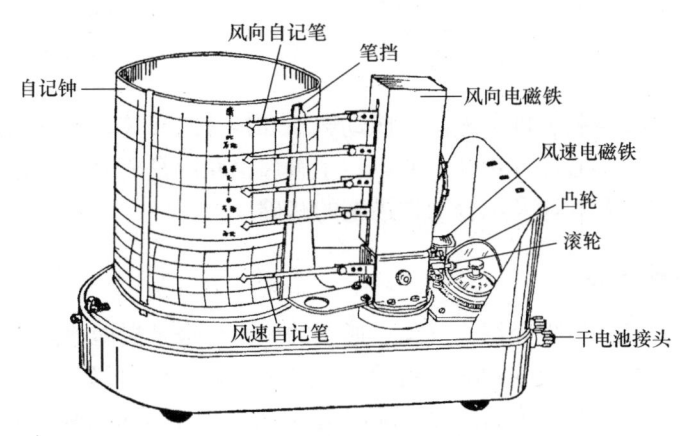

图 1-5　EL 型电接风向风速计记录器

用 EL 型电接风向风速计观测和记录的方法如下。

（1）打开指示器的风向、风速开关，观测 2min 风速指针摆动的平均位置，读取整数并记录。风速小的时候，把风速开关拨在"20"挡，读 0～20m/s 标尺刻度；风速大时，应把风速开关拨在"40"挡，读 0～40m/s 标尺刻度。观测风向指示灯，读取 2min 的最多风向，用 16 方位的缩写记录。静风时，风速记 0，风向记 C。平均风速超过 40m/s，则记＞40。

（2）更换自记纸的方法基本与自记温度计、自记湿度计相同。对准时间后须将钟筒上的压紧螺帽拧紧。

（3）记录纸的读法。

风速记录读法：读取正点前 10min 内的平均风速，按迹线通过自记纸上水平分格线的格数来计算。自记纸上水平线是风速标尺，最小分度为 1.0m/s。例如，通过 1 格记 1.0，1/3 格记 0.3，2/3 格记 0.7。风速划平线时记 0.0，同时风向记 C。风速自记部分是按空气行程 200m 电接 1 次，风速自记笔相应跳动一次来记录的。例如，10min 内笔尖跳动 1 次，风速便是 0.3m/s；跳动 2 次，风速便是 0.7m/s。

风向记录读法：读取正点前 10min 内的风向。风向自记部分每隔 2.5min 记录 1 次风向，10min 内连头带尾共有 5 次划线，挑取 5 次风向记录中出现次数最多的。如最多风向有两个出现次数相同，应舍去最左面的 1 次划线，而在其余 4 次划线中挑选。若再有两个风向相同，则再舍去左面的 1 次划线，按右面的 3 次划线来挑取。如 5 次划线均为不同方向，则以最右面的 1 次划线的方向作为该时记录。在读取风向时，应注意若 10min

平均风速为0时，则不论风向划线如何，风向均应记C。

1.5.5 数据整理与分析

风速风向的数值可直接通过风速表读取，并记录在表格中。对不同对比措施的数据进行分析对比。

1.6 风信资料的整理

1.6.1 实验目的

所谓风信，就是风的速度、方向、脉动频率和持续时间等。由于风是风沙运动的动力因素，没有风就不会有风沙运动。所以，了解风信状况是研究沙丘形态形成和发展、输沙规律、风蚀与堆积规律及综合治理措施的基础。

1.6.2 实验原理

风力等级及玫瑰图原理介绍，气象学通用的风力分级是根据地面或海面上的迹象划分的，即鲍福特风力等级（Beaufort scale），但它用于风沙运动的研究上，有时尤嫌不足，前苏联学者仙科维奇依据风对风沙运动和土壤风蚀程度不同表现将风速划分为5个等级。风玫瑰图可以直观表现出地区风向信息，结合风力资料可全面了解地区风信情况。根据风沙物理及治沙需要，一般按16个方向进行整理。按各月或全年风向频率绘制风玫瑰图，风玫瑰图的绘制用极坐标表示比较清晰，将极坐标分为16个方位，以不同的极半径表示不同的频率。风速分布图也可用极坐标表示，其极坐标半径表示风力值大小，然后将端点用直线连接起来，即可得风速玫瑰图。据该地区10年以上的风信资料，而后把这些资料按16个方位进行整理，并绘制风玫瑰图，如图1-6所示。

1.6.3 实验仪器

所研究区域的基本风信资料、坐标纸、铅笔、直尺、表格纸等。风信资料来源于气象部门，要得到某一地区的风信状况，必须有该地区10年以上的风信资料，在学习风信资料的统计基础上，将这些资料按风力等级及方位进行整理与转移。风力等级分微风（0～3m/s）、弱风（4～8m/s）、强风（9～12m/s）、烈风（13～16m/s）和强烈风（大于16m/s）。

1.6.4 实验步骤

1. 风信资料整理

大于起沙风速的风力才能形成风沙流动，所以，在风信资料整理时不仅要了解全部风信状况，更要注意大于起沙风速的风力研究，为了全面系统分析地区风力信息，可将气象站资料整理为以下几个方面：①累年各风向的风力级频数及频率；②累年不同风速级的频率；③累年风向风速频数和频率（表1-14）；④累年大风时数统计；⑤累年各月各风向频率（表1-15）；⑥累年各月风向的风速。

根据风力和风向资料分析某地区风信及对风沙活动的作用规律。

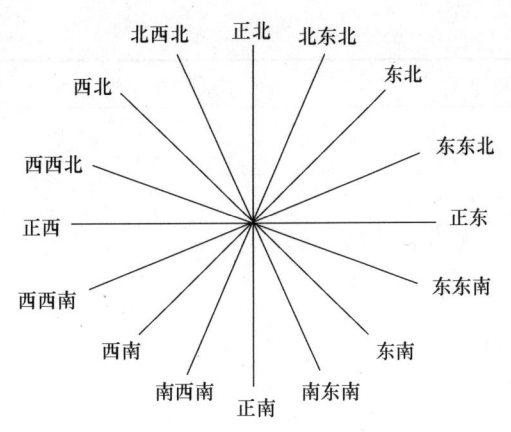

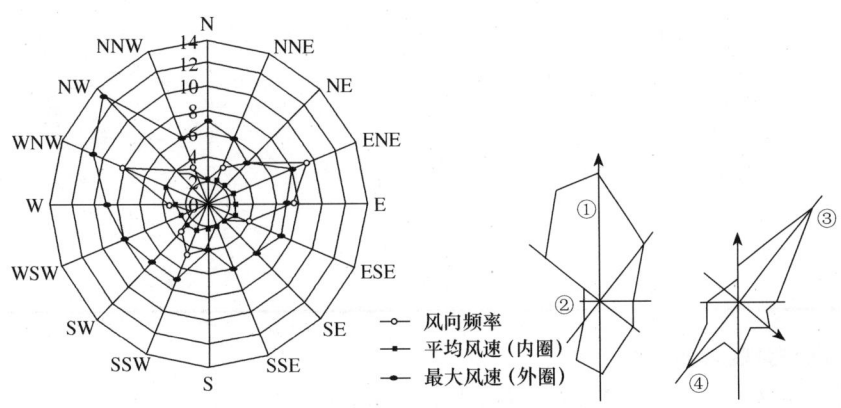

图 1-6 风玫瑰 16 方位图

表 1-14 累年风向风速频数或频率统计表

风力/(m/s)	N	NNE	NE	ENE	E	ESE	SE	SSE	S	SSW	SW	WSW	W	WNW	NW	NNW	∑
0~0.9																	
1~1.9																	
2~2.9																	
3~3.9																	
4~4.9																	
……																	
……																	
15~15.9																	
>16																	

表 1-15 累年各月风向频率

月份	1	2	3	4	5	6	7	8	9	10	11	12	∑
N													
NNE													
NE													

续表

月份	1	2	3	4	5	6	7	8	9	10	11	12	∑
ENE													
E													
ESE													
SE													
SSE													
S													
SSW													
SW													
WSW													
W													
WNW													
NW													
NNW													
C 静风													

2. 风信资料的转移

对某一地区的风沙活动进行定量或半定量研究时，需要长时间的有统计效果的风信资料。目前我国安装有风速风向自动记录仪的气象站多设在县级以上的市镇，那里的自然条件一般比较好，而风沙活动的观测研究地点大都在沙漠、沙地或戈壁之中，这些地方一般没有建气象观测站，不能为我们提供这些地区详细的风信资料。因此，必须进行风信资料的转移，分析设有气象站的风信和所研究地区风信之间的关系，建立某种联系，从而将毗邻地区的气象站长年风信资料经数学处理之后转移为研究地区的长年风信资料，为风沙活动的研究服务。

（1）风信资料转移的依据。在小范围内，两地之间的地形具有相对稳定性。若有研究地区的短期风信资料，与同期毗邻气象台（站）的风信资料进行比较，就可能建立某种联系两地风信的数学关系。然后进行验证，如果适用，就可将毗邻气象台（站）长年风信资料转移到所研究的地区，供风沙运动研究之用。

（2）风信资料转移的回归法步骤。

A. 在研究区内建立临时风速风向观测站，与毗邻气象站进行同步观测，时间不少于一个月。选择观测站时应注意站址下垫面与固定气象站的下垫面状况要基本一致，观测高度、观测仪器及观测时间间隔也应与固定站相同。

B. 根据同期的观测结果进行统计分析，得出适用于两地之间的风速风向的回归方程。

C. 经数学的可靠性检验合格后，将固定站的长年风信资料转移成研究地区的长期风信资料。

1.6.5 实验报告要求

（1）实验报告以 4000~6000 字为宜，要求统一使用 A4 纸打印左侧装订。

（2）实验报告的主体部分应包括实验目的、实验地点的概况介绍、实验内容、实验体会与建议等部分，要求结构完整、观点明确、证据确凿。

（3）实验报告必须独立完成，凡抄袭或雷同者实验成绩一律不及格。

1.7 起沙风速的测定

1.7.1 实验目的

学会监测地面起沙情况，掌握野外测定砂粒起动风速的方法。

1.7.2 实验原理

运动的砂粒由于是从气流中获取其运动的动量，因此砂粒只有在一定的风力条件下才开始运动。当风力达到某一临界值后，地表砂粒开始运动，这个临界风速称为起动风速。拜格诺（R. A. Bagnold）根据风和水的起沙原理相似性及风速随高程分布的规律，得出任意高度上砂粒起动风速理论公式，表达式为

$$U_t = 5.75 A \sqrt{\frac{\rho_s - \rho}{\rho} g d} \lg \frac{Z}{Z_0}$$

式中：U_t 为任意点高度 Z 处的起动风速值，m/s；A 为风力作用系数；ρ_s 为砂粒密度，g/cm³；ρ 为空气密度，g/cm³；d 为砂粒的粒径，mm；g 为重力加速度，m/s²；Z_0 为地表粗糙度，mm；Z 为任意测点的高度，mm。

流体在起动条件下，作用在砂粒上的迎面阻力（拖曳力）和重力平衡，可得到砂粒开始移动的临界速度与粒径间的关系。鉴于起动风速受众多因素的影响，因此，在实际野外测定过程中，采用风速仪进行观测来确定某一地区的不同粒径沙子的起动风速。

1.7.3 实验仪器

电接风向风速计、仿真模板、粒度分析仪、卷尺、记录表格。

1.7.4 实验步骤

（1）选点。选择相应的研究区域，并综合考虑各种情况，选定测定地点。

（2）仿真地面。事先准备一块模板，进行均匀喷胶后，将选定测定地点的沙子均匀地撒上一层，制成平整的仿真地面。然后埋入测定地点的土中，使其与地面无缝隙连接，并在上面撒上薄层。

1.7.5 数据整理与分析

床面砂粒粒度分析测定方法同第 3 章土壤因子类实验中的沙物质粒度测定与分析，风速的数值可直接通过风速表读取，数据填入表 1-16。

表 1-16　起动风速的野外观测记录

观测时间地点					风速/(m/s)	起沙粒径/cm	起沙情况	测点情况
年	月	日	时间	地点				

【注意事项】
（1）仿真模板与测点地面应无缝隙连接。
（2）测定的风速应体现砂粒瞬时风速。
（3）砂粒的粒度测定应对应于起动风速，便于准确描述。

1.8　风蚀地表粗糙度的观测

1.8.1　实验目的

掌握野外地表粗糙度的测定方法，并明确地表粗糙度的物理含义和实践意义。

1.8.2　实验原理

粗糙度是指近地表平均风速为零的某一几何高度，单位是 cm 或 mm，它反映地表的粗糙程度，一般用 Z_0 表示。在流体力学中，把固体表面凸出部分的平均高度称为粗糙度。在近地面气流中，风力随高度的增加而增加，这是因为地面对气流的阻力随高度的增加而减小，因而可在贴近地面某一高度处，找到风力与阻力相等的情况，此高度以下的风速等于零，风速等于零的高度称为下垫面粗糙度。粗糙度不仅是表征下垫面特性的一个重要物理量，也是衡量治沙防护效益的指标之一。在实践中，采取的许多防沙措施，都是通过改造地表粗糙度，以控制或促进风沙流活动，从而改变蚀积过程。

基于粗糙度的概念，若直接测定地表上风速为零的高度，是十分困难的。因此，这个风速等于零的高度是通过间接的方法测算，即通常以对数规律为基础，运用近地表气流在大气层结构为中性情况下的风速随高度分布规律进行计算。

1.8.3　实验仪器

电接风向风速计、标杆、卷尺、记录表格。

1.8.4　实验步骤

1. 观测点的确定

观测点的选择，应具有一定的代表性，能客观、真实地反映相应地表特征。对于某一特定的下垫面，由于地表局部特征差异，在其不同的部位所测定的地表粗糙度也不尽相同。

2. 仪器安装

将 2.5m 左右长的测杆垂直固定在所选好的观测点上，然后将两个风速仪安置在距地表 0.5m 和 2.0m 处，要求两个风速仪均在测杆的上风方向，且两者间应保持一定的夹角。

3. 风速观测及记录

测定时，应保证两个风速仪同时开闭。一般测定 1min 的平均风速，当风速较大时（大于 10m/s）测定其 30s 的平均风速即可。每观察完一次，读出风速示值（m/s），将此值从风速测定曲线图中查出实际风速，取一位小数，即为所测之平均风速，将数据即时地记在记录纸上，每个点观测次数应在 20 次以上。观测完毕，将方位盘制动小套管向左转一小角度，借弹簧的弹力，小套管弹回上方，固定好方位盘。

1.8.5 数据处理

在测定粗糙度时，尽管严格按操作规程进行，但由于影响测定精度的因素较多，测定个别数据可能偏离较大，因此，在代入粗糙度计算公式计算之前，先要对数据进行处理。一般应先计算出每组数据的风速比值（$A=U_2/U_1$），然后判断和剔除较大误差的数据。

1.8.6 数据整理与分析

将上述处理后的有效数据代入下列公式进行计算，即可计算出相应地表的粗糙度：

$$\lg Z_0 = \frac{\lg Z_2 - \lg Z_1}{1-A}$$

$$A = U_2/U_1$$

式中：Z_0 为粗糙度；U_1 为同一时刻 Z_1 高度处风速，m/s；U_2 为同一时刻 Z_2 高度处风速，m/s。

【注意事项】

（1）仪器使用过程中，须保持仪器清洁与干燥，若被雨雪打湿，使用后须用软布（纸）擦拭干净；测定完毕后，仪器应放在盒内，切勿用手触摸风杯。

（2）平时不要随便按风速按钮，各轴承和紧固螺母也不得随意松动。

（3）风速测定时，应保证两个风速仪同时开闭。

1.9 小气候观测

1.9.1 实验目的

森林小气候是在森林这个特殊活动面的影响下所形成的一种气候类型。由于森林的遮蔽作用。林内的光照强度明显减少，导致森林内的温度、湿度也发生相应变化，形成与林外完全不同的气候特点，具有明显的昼夜和季节变化特点。观测目的在于充分了解森林对各种气候要素的作用和各气象要素在林内的垂直变化规律，掌握森林小气候观测的方法。

1.9.2 实验仪器

通风干湿表 12 个，风速仪 12 个，照度计 12 个，地面温度计、地面最高温度计、地面最低温度计各 12 个，曲管地温计 12 套，皮尺、钢卷尺各 12 个，记录表，记录笔，橡皮等。

1.9.3 实验设计

1. 观测项目和观测点的确定

森林小气候的观测项目主要包括太阳辐射、地面和林冠的反射、空气温度、空气湿度、风速和气压、地表和土壤温度、土壤蒸发、空气中二氧化碳的浓度和其他成分的变化等。在临时的流动观测中主要是观测日照温度、气温、空气湿度、风速、地表温度和不同深度的土壤温度等。测点选择是否恰当，直接影响到观测结果。一般的观测研究需要注意两点：一是具有代表性；二是具有可比性。为此，测点最好选择在森林调查的标准地内，因为这些也正是森林小气候观测所需要的条件。

2. 观测仪器布设

仪器的安放位置对观测结果的代表性和准确性极为重要。仪器应布设在标准地中具有代表性、典型郁闭度的地段，并且不能破坏林内的植被状况。仪器安放的高度因观测项目和要求而定。在一般的森林小气候观测中，观测气温、空气湿度、日照强度的仪器应布置在距地 20cm、50cm、150cm、林冠层和林冠上部 5 个高度，风速仪在距林带 200m 以外的 4 个高度布设，地面温度（包括最低和最高）和土壤温度放置在 0cm、-5cm、-10cm、-15cm、-20cm、-25cm 的不同土壤深度。和其他的气象要素不同，光照强度对林冠的分布非常敏感，同一标准地的不同地点变化很大，为使观测值更准确，在标准地内应系统地布设 5 个标桩，围绕每个标桩设置 4 个观测点。每次观测应在 10min 以内完成。附近空旷地观测只需要一个测点、一个高度。

3. 观测季节和时间

由于各个省份的降雨年内有一定差异，因此，应避开降雨集中、天气变化大的时段。观测的天气条件最好是晴朗有小风的天气。一天中观测的时间一般分为 4 时、8 时、12 时、14 时、18 时、20 时、24 时 7 个时段进行。如果条件限制可以选择 8 时、12 时、14 时、16 时 4 个时段。但必须明确的是，森林小气候的观测研究必须严格执行时间，防止迟测、早测、漏测，绝对禁止估测和猜测。这样所观测的数据才有用处，不同标准地之间或不同小组之间才有可比性。

4. 观测方法

（1）空气温度和湿度的观测常用通风干湿球温度计。使用时手要握在风扇外壳或温度表的保护板上或把仪器挂在固定的支架上，使通风干湿球温度计与地面垂直，感应点在所测定的高度上。当风速大于 4m/s 时，应用防风罩。观测程序如下：测定前 10min 将通风干湿球温度计暴露于测点，并湿润纱布、开动发条。开始测定时，将仪器放在第一高度（20cm），湿润纱布、开动发条，过 4min 进行读数，先读干球温度，后读湿球温度，接着进行第二次读数；移动仪器至第二高度（50cm），再湿润纱布、上发条，过 4min

进行此高度的两次读数；依次进行。注意读数时和读数前应迎风站立，以免人体的热量影响观测结果。重复读数的目的是防止误读。

（2）测定地表温度用地面温度计（地表温度计、地面最高温度计、地面最低温度计），测定土壤温度用曲管（或直管）测地温度计（不同深度）。地面温度计的放置是球部一半埋在土中，一半暴露在空气中。土壤温度计的埋置是自东向西依次由浅入深排列，每支表相距10cm。观测的顺序是地表温度计、地面最低温度计、地面最高温度计、5cm、10cm、15cm、20cm、25cm，读数时不能将表取出地面。

（3）风速的测定，测定用的风速仪可以手持或固定在支架上，但人要迎风站立，以免影响观测结果。仪器的放置应以风杯转动平面水平为准，高度计算以风杯中心点距离地面高度为准。观测顺序由低到高，每个高度上连续两次。

（4）光照强度的测定，应注意不同类型照度计的使用方法。测定时光探头应水平放置在测点位置。

5. 内业整理

内业整理的主要内容有按表格内容进行相关因子的统计计算（表 1-17～表 1-20），包括森林中的气候特点、森林对各个气象因素的影响分析、森林对气象因素作用的季节变化等。

表1-17　空气温湿度观测记录表

森林类型：　　　　记录人：　　　　观测人：　　　　年　月　日　单位：℃

测高	时间	干湿球	第1次	第2次	平均	仪器差	订正后	相对湿度/%	天气条件
20cm	8时	干球							
		湿球							
	12时	干球							
		湿球							
	14时	干球							
		湿球							
	18时	干球							
		湿球							
50cm	8时	干球							
		湿球							
	12时	干球							
		湿球							
	14时	干球							
		湿球							
	18时	干球							
		湿球							

续表

测高	时间	干湿球	第1次	第2次	平均	仪器差	订正后	相对湿度/%	天气条件
150cm	8时	干球							
		湿球							
	12时	干球							
		湿球							
	14时	干球							
		湿球							
	18时	干球							
		湿球							
林冠层	8时	干球							
		湿球							
	12时	干球							
		湿球							
	14时	干球							
		湿球							
	18时	干球							
		湿球							

表 1-18　土壤温度观测记录表

标准地号：　　　森林类型：　　　记录人：　　　观测人：　　　年　月　日　单位：℃

测点	时间	第1次	第2次	平均	仪器差	订正后	天气条件
地面最低	8时						
	12时						
	14时						
	18时						
地面最高	8时						
	12时						
	14时						
	18时						
0cm	8时						
	12时						
	14时						
	18时						
10cm	8时						
	12时						
	14时						
	18时						

续表

测点	时间	第1次	第2次	平均	仪器差	订正后	天气条件
15cm	8时						
	12时						
	14时						
	18时						
20cm	8时						
	12时						
	14时						
	18时						
25cm	8时						
	12时						
	14时						
	18时						

表1-19　风速风向观测记录表

标准地号：　　　　森林类型：　　　　记录人：　　　　观测人：　　　　年　月　日

测高	时间	读数	风向	风速读数	实际风速	平均风速/(m/s)
50cm	8时	第1次				
		第2次				
	12时	第1次				
		第2次				
	14时	第1次				
		第2次				
	18时	第1次				
		第2次				
1.5cm	8时	第1次				
		第2次				
	12时	第1次				
		第2次				
	14时	第1次				
		第2次				
	18时	第1次				
		第2次				
林冠层/m	8时	第1次				
		第2次				
	12时	第1次				
		第2次				

续表

测高	时间	读数	风向	风速读数	实际风速	平均风速/(m/s)
林冠层/m	14时	第1次				
		第2次				
	18时	第1次				
		第2次				
地表	8时	第1次				
		第2次				
	12时	第1次				
		第2次				
	14时	第1次				
		第2次				
	18时	第1次				
		第2次				

表1-20　15天光照强度观测记录表

标准地号：　　森林类型：　　记录人：　　观测人：　　年　月　日　单位：lx

测点	时间	第1天	第2天	第3天	第4天	第5天	第6天	第7天	第8天	第9天	第10天	第11天	第12天	第13天	第14天	第15天	总和	平均	对照
20cm	8时																		
	12时																		
	14时																		
	18时																		
50cm	8时																		
	12时																		
	14时																		
	18时																		
150cm	8时																		
	12时																		
	14时																		
	18时																		
林冠层	8时																		
	12时																		
	14时																		
	18时																		

第 2 章　植被因子类实验

2.1　植物种采集与鉴定

2.1.1　实验目的

（1）通过实验初步掌握和巩固枝、根、茎、叶、花、果实等已学知识。
（2）掌握常见植物种的科、属、种特征及鉴定植物种的方法与步骤。
（3）采集综合实验场所的植物种，并依据植物辨识基础和植物分类学知识，鉴定所采集的植物种。

2.1.2　实验原理

识别植物是任何植被调查乃至区域地理调查中必不可少的重要内容。正规鉴定植物应当全面地从花、果实和营养器官的特征进行鉴别。但在野外实地工作中往往因时节的关系，只能见到无花、无果的植物个体，所以经常利用植物茎、枝条和叶的形态识别和判断植物种类，这是很常用的方法。例如，唇形科都有唇形花冠、茎四棱呈方形；十字花科都是草本，花冠呈十字形等。根据以上植物的科、属特征，初步确定某一种植物属于哪一科、哪一属，有时候可能有几个科、属的特征与比对植物相对应，则需进一步细查。

2.1.3　实验仪器

每个小组标本夹 2 个，刮刀 1 把，修枝剪 2 把，小锹 1 把，标签若干，标本纸若干，记录本、记录笔、橡皮 2 套。

2.1.4　实验步骤

（1）在各小组的实验路线上，采集所见到不同的植物种，将植物种压入标本夹，并在标签上标明采集地点、采集时间、采集人、植物所处环境等。采集植物时尽可能采集全株，包括根、茎、叶、花、果等。
（2）根据每一种的植物各部分器官的形态特征及表达的信息，初步确定某一种植物属于哪一科、哪一属，有时候可能有几个科、属的特征与比对植物相对应，则需进一步细查。
（3）对照相应的工具书，从检索表中查找其特征，比对植物是否与其一致，如果一致，则进一步查找其种的特征，如果不一致，则需重新确认科、属。
（4）在确定植物的科、属特征后，继续比对种的特征，或与工具书上的插图、标本室内的标本进行比对，以便确定植物的具体种类。为慎重起见，在初步确认了植物种后，需要对照书上的文字描述，特别是关键特征和产地、分布环境进行详细核对，最终确定植物的种类。

（5）在将所采集的标本鉴定完成后，需要认真填写每一种植物所属的科、属、具体种的学名，并对所采集的所有植物进行分类整理，将同一科、属的植物归类到一块，形成植物分类实验报告。

2.1.5 实验报告

（1）选择其中的 20~25 种描述其各部分器官的典型特征，填入表 2-1。
（2）分别统计标本总数，以及每一科、属、种数目，分别填写表 2-2 和表 2-3。
（3）按实验时间与实验路线、标本总数，以及每一科、属、种数目列表，然后分目、科、属、种分别将采集的植物学名依次写出。

表 2-1 实验区域典型植被的初步辨识

序号	学名	根	茎	叶	花	果
1						
2						
3						
4						
5						
6						
7						
8						
9						
10						
11						
12						
13						
14						
15						
16						
17						
18						
19						
20						

注：不在花果期的植物可不描述花、果的特征

表 2-2 实验区域采集植物的区系统计表

植物类别		科	属	种
被子植物	双子叶植物			
	单子叶植物			
裸子植物				
合计				

表 2-3 科属种组成统计表

序号	科	属数	种数	序号	科	属数	种数
1				16			
2				17			
3				18			
4				19			
5				20			
6				21			
7				22			
8				23			
9				24			
10				25			
11				26			
12				27			
13				28			
14				29			
15				30			

2.2 植被调查

2.2.1 实验目的

植被是一个地区各类植物群落的总称。植被调查是从调查不同类型的植物群落入手，然后加以综合分析，找出群落本身特征和生态环境的关系，以及各类群落之间的相互联系。植被调查的方法有很多，如点法、距离法（包括最近个体法、最近邻居法、随机对法、点四分方法）、样方法和样圆法等。其中以样方法应用最多，也是最基本的方法，所获得的第一手资料比较详细可靠，因此，在这里主要介绍运用样方法进行植被调查的方法和步骤。

2.2.2 实验仪器

皮尺、测绳、围尺、记录夹、罗盘仪、海拔仪、测高器、钢卷尺、枝剪、标本夹、长杆等。

2.2.3 实验步骤

1. 样地的选择

选择样地应对整个群落有宏观的了解。然后选择植物生长比较均匀，且有代表性的地段作为样地，用量绳（尺）或事先作好的框架圈定。样地不要设在两个不同群落的过渡区，其生境应尽量一致。

2. 群落最小面积调查

调查有两种方法，一种是植物群落的取样方法，另一种是一些经验的群落类型的最小面积。

（1）植物群落的取样方法。在作群落结构调查之前，通常是先作一个最小面积的调查，也就是说研究一下这个地区，能够反映群落基本特征的样方面积至少应该多大合适。我们把能够反映群落基本特征、包含群落绝大多数物种的最小样方面积称作最小面积或者称作表现面积。这个表现面积的调查方法是采取逐渐增减面积了解物种变化规律的方法，具体如图 2-1 所示。

样方号	累计面积/m²	种数	新种数	累计的新种数
1	20	5	5	5
2	40	4	4	9
3	60	4	3	12
4	80	5	3	15
5	100	2	2	17
6	120	4	2	19
7	140	3	2	21
8	160	4	1	22
9	180	5	1	23
10	200	3	0	23

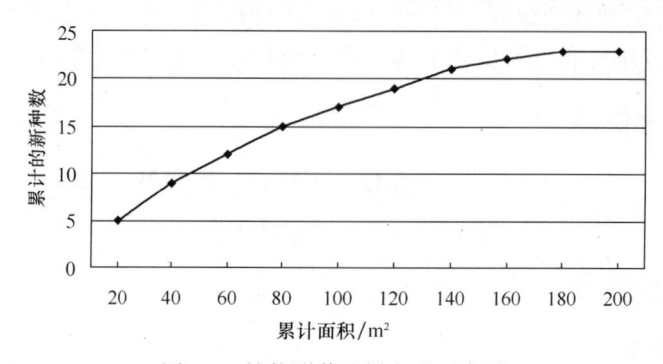

图 2-1 植物群落取样方法示意图

（2）一些群落类型的最小面积（表 2-4）。

表 2-4 不同植物群落最小采样面积

类型	最小面积/m²	类型	最小面积/m²
热带雨林	1 000～50 000	石楠灌丛	10～25
温带森林	乔木层 200～500	湿地	5～10
	林下植被 50～200	苔藓和地衣群落	0.1～4
	温带干草原 50～100		

3. 样地调查方法

按照上述方法确定调查地区的最小面积后，用测绳按照面积的大小打成方形或矩形的样地，在样地中再分隔成若干个样方，一般乔木样方的大小为 10m×10m，灌木样方的面积可以为 10m×10m、5m×5m 或 2m×2m 等，草本样方的面积一般为 1m×1m，在每个乔木样方中分别进行乔木、灌木和草本的调查。其中，乔木调查的内容包括乔木的种类、株数、树龄、胸径、树高、枝下高、冠幅、郁闭度等，记入表 2-5。灌木和草本的调查包括样方内灌木和草本的种类、株数、平均高度、生长状况、分布状况、盖度等，记入表 2-6 和表 2-7。同时记录所要调查的林分的主要地形因子，包括海拔、坡度、坡向、坡位等。

表 2-5 乔木调查记录表

林型		地点	
样方总面积/m²		东经	
样方面积/m²		北纬	
总盖度/%		海拔/m	
调查时间		记录人	

样方号	树种	胸径（周长）/cm	树高/m	枝下高/m	冠幅/m²	备注

表 2-6 灌木、幼树、藤本调查记录表

林型		地点	
样方总面积/m²		东经	
样方面积/m²		北纬	
总盖度/%		海拔/m	
调查时间		记录人	

样方号	植物名称	高度/cm	株数	盖度/%	生长状况	分布状况

表 2-7　活地被物（草本、小灌木）调查记录表

林型				地点		
样方总面积/m²				东经		
样方面积/m²				北纬		
总盖度/%				海拔/m		
调查时间				记录人		

样方号	植物名称	高度/cm	株数	盖度/%	生长状况	分布状况

各指标的测量方法如下。

（1）树龄。轮生枝明显的树种（如针叶树种），可通过查数轮生枝轮的方法确定。如果是人工林，那么造林年限就是树种的年龄，还可根据当地访查资料或进行估计。

（2）胸径。距根径 1.3m 处的直径为胸径，用尺子量测。

（3）冠幅。用皮尺在树的最两侧量取。

（4）郁闭度的测定。

A. 采用百步抬头法测定郁闭度。在林内每隔 3～5m 机械布点 100 个（50 个），记载郁闭的点数，计算出郁闭度。

$$郁闭度 = 有树冠覆盖的点数/100（50）$$

B. 采用样线法测定不同树种及林分总郁闭度。沿标准地两对角线设置样线，在样线上分别测出各树种树冠所截（即覆盖）的样线长度及所有树种树冠所截（即覆盖）的样线长度，得出不同树种郁闭度及林分总郁闭度，记入表 2-7 中。测定林分总郁闭度时以样线上林冠空隙长度调查更为方便快捷。

（5）密度是指单位面积上植物种的个体数目，分种统计为种的密度。密度是与多度意义相近的一个指标，下木和活地被物常用多度记载，而林木则以密度记载。

（6）频度是指植物在群落中水平分布的均匀程度，即群落中某种植物在一定地段的特定样方中所出现的样方百分率。

（7）盖度是指植物枝叶垂直投影所覆盖的面积占样地面积的百分比，也为投影盖度。林业上将林分的盖度称作郁闭度。下木和活地被物枝叶所覆盖的面积占样地面积的百分比称作投影盖度，简称盖度。一般下木和活地被物盖度采用小样方目测法，该层所有植物的盖度为总盖度，分种目测为种盖度。

（8）利用罗盘仪测定磁方位角。测量时，将罗盘仪安置在待测线的一端，对中、整平、松开磁针。用望远镜瞄准直线的另一端点的目标，待磁针静止后，读出磁针北端的

读数，即为该直线的磁方位角。带盘的那边拿在手中，测时白针指北，选择刻度盘白针与北端重合，此时读盘上小白点指示的刻度，读黑色数字。

2.2.4 数据整理与分析

1. 重要值计算

重要值是表示植物在群落中相对重要性的指标。重要值越大的植物种，在群落结构中的重要性越大，对群落环境、外貌和发展方向的影响作用也越大。种的重要值通常是由综合种的多度或密度、盖度、频度指标计算得出。

$$重要值＝（相对多度＋相对盖度＋相对频度）/3$$

其中，相对多度＝某个种的各样方多度之和/（该层中）所有种各样方多度之和×100%

相对盖度＝某个种的各样方盖度之和/（该层中）所有种各样方盖度之和×100%

相对频度＝某个种的各样方频度之和/（该层中）所有种各样方频度之和×100%

2. 多样性计算

（1）Shannom-Wiener 多样性指数（H）：$H=-\sum_{i=1}^{s}P_i \ln p_i$

（2）Simpson 指数（D）：$D=1-\sum_{i=1}^{s}P_i^2$

（3）Pielow 的均匀度指数（J_{sw} 和 J_{si}）：

$$J_{SW}=\left(-\sum_{i=1}^{s}P_i \ln p\right)\ln S$$

$$J_{si}=\left(1-\sum_{i=1}^{s}P_i^2\right)\bigg/\left(1-\frac{1}{S}\right)$$

式中：P_i 为物种 i 的重要值；S 为物种数目。

2.3 水土保持林标准地调查

2.3.1 实验目的

（1）使学生了解水土保持林分的组成、结构及防护效益的内涵。
（2）使学生掌握标准地调查的基本方法，并能完成水土保持林标准地调查。
（3）使学生掌握标准地林分蓄积量的计算方法、优势木的区分方法。

2.3.2 实验设备

围尺、测高器、记录板、皮尺、方格纸、直尺、铅笔、测绳、粉笔（标签）、工具包等。

2.3.3 实验步骤

1. 标准地的选择、设置

标准地是以局部地段林本生长情况推断调查区全局林木的生长状况，因此标准地选择设置时应注意以下几点。

（1）标准地设立前要进行踏查，访问有关技术人员，查阅造林技术档案，做到标准地具有充分的代表性。

（2）标准地必须设在同一林分内，如为混交林，则标准地内必须有一个完整的混交周期。

（3）标准地内地形要均一，无大的起伏变化，标准地应离开道路、林缘线5～10m，标准地应避开分水线。

（4）标准地面积多定为0.04hm^2，但应保证标准地内林木株数不少于100株。标准地形状常采用四边形，相邻边互相垂直，在特殊条件下，标准地可采用其他不规则形状，但应以便于面积计算为原则。

（5）标准地边界闭合差应小于总边长的1/200。

（6）若标准地设在大于5°的坡面上，边界量测时要将斜距换算成水平距。

（7）标准地四角应立桩标，边界要明显清晰。

标准地建立后，要对标准地内有关因子调查记载，填写标准地调查记录表（表2-8）。

表2-8 标准地调查记录表

标准地号_____   标准地、土坑及植被样方方位图
大地形_____
海拔_____
坡度_____
地貌部位_____
小地形_____
坡向_____

2. 标准地土壤调查

标准地内应进行土壤调查，调查结果记入表2-9。

表2-9 土壤调查记录表

深度/cm	剖面图	土壤层次 名称	土壤层次 厚度/cm	剖面说明 颜色、机械组成、深度、石砾含量、结构、结持力、植物根、pH、碳酸盐反应、层次过渡	土样号及土壤深度/cm
0					
10					
20					
30					
40					
50					
60					
70					

续表

深度/cm	剖面图	土壤层次		剖面说明	土样号及土壤深度/cm
		名称	厚度/cm	颜色、机械组成、深度、石砾含量、结构、结持力、植物根、pH、碳酸盐反应、层次过渡	
80					
90					
100					

剖面位置及其代表性＿＿＿＿＿＿＿＿＿＿＿＿＿＿＿＿＿＿＿＿＿＿＿

调查时及调查前降雨情况＿＿＿＿＿＿＿＿＿＿＿＿＿＿＿＿＿＿＿

母岩及母质＿＿＿＿＿＿＿＿＿＿＿＿＿＿＿＿＿

植被及总覆盖度＿＿＿＿＿＿＿＿＿＿＿＿＿＿

地下水位及水质＿＿＿＿＿＿＿＿＿＿＿＿＿＿

土壤野外定名＿＿＿＿＿＿＿＿＿＿＿＿＿＿＿＿

确定名称＿＿＿＿＿＿＿＿＿＿

立地条件类型（野外定名）＿＿＿＿＿＿＿＿＿＿＿＿＿＿＿＿＿＿

确定名称＿＿＿＿＿＿＿＿＿＿

造林地种类（造林前地类）＿＿＿＿＿＿＿＿＿＿＿＿＿＿＿＿＿＿＿

（1）土壤调查采用挖剖面坑的方法，剖面坑要有充分的代表性，剖面坑的位置要避开人类影响的地方（如肥堆等），也不要利用天然断面作为观察的剖面。剖面坑一般长1.5～2.0m，宽 0.8～1.0m，深度：在石质山地达母岩；在黄土地区达到母质；在河滩或其他水位浅的地方挖至地下水面。剖面应面向受光条件最好的一方，剖面上方不要堆土，不要踩踏，要尽可能保持剖面不受破坏。

（2）土壤剖面形态的记载。

A. 层次深度及其代表符号从地面开始起算，逐次记载各层厚度。

B. 颜色是区分土壤最明显的标志，颜色还可反映土壤的肥力状况，土壤颜色判别时要求用湿润的土壤，在光线一致的情况下进行，土壤颜色命名以次要颜色在前，主要颜色在后方式，如"棕黑色"是以黑色为主，棕为次色。

C. 结构是由土粒排列、胶结形成的各种大小轴不同形状的团聚体，结构可分为：①无结构；②屑状，结构细碎，如面包屑；③粒状，结构直径 1～5mm；④带有不规则的棱角团粒状，结构直径 1～10mm，近于圆形；⑤核状，结构直径 5～20mm，带有不规则棱角；⑥块状，结构直径大于20mm，形状不规则；⑦片状，呈层片状；⑧鳞片状，呈凹凸面，似鱼鳞状；⑨柱状，呈层片状。

D. 结持力（紧实度）：①极紧实，只有在垂击的情况下，才能把刀插入土壤中 1～3cm；②紧实，用较大的力量才可把刀插入土中 1～3cm；③适中，稍用力就可把刀插入土壤；④疏松，用很小的力就可将刀插入土中 5cm 以上；⑤松散，用极小的力，很容易将刀插入土中几厘米深处。

E. 质地：①砂，湿时在手中不能揉成团，干时呈分散状；②砂壤，湿时能揉成圆球，球面不平整，揉成 1 长圆条时即碎成段；③轻壤，湿时可揉成粗 3mm 的细条，当用手拿起时便裂断；④中壤，湿时可揉成粗 3mm 的细条，弯成 3cm 的小环时即裂断；⑤重壤，湿时可揉成粗 1.5～2mm 的细条，很容易弯成直径 2cm 小环，但将圆环压扁时产生裂纹；⑥黏土，湿时易揉成细条，黏着力大，弯曲时有裂痕。

F. 石砾含量：在石质山区调查时应注意石砾含量。分级如下：①少量，石砾面积所占剖面面积的百分数<20%；②中量，石砾面积所占剖面面积的百分数为 20%～50%；③多量，石砾面积所占剖面面积的百分数为 50%～70%；石砾含量大于 70%时称为粗骨层。

G. 根量：根据根系在剖面上的密集程度分为五级。①盘结，根量占土体体积 50%以上；②多量，占 25%～50%；③中量，占 10%～25%；④少量，占 10%以下；⑤无根系，土体内无根系出现。

H. 侵入体：即土壤中掺杂的其他物质，如砖块、瓦片、填土、煤渣等。

I. 新生体：在土壤形成过程中，由于水分上下运动和其他自然作用，使某些矿物质盐或细小颗粒在土壤内某些部位聚积，形成土壤新生体。新生体有：盐结皮、盐霜、锈斑、锈纹铁盘、铁锰结核、假菌丝、石灰结核、眼状石灰斑等。记载时应记明新生体类型、颜色、大小、数量和分布情况等。

J. 湿度：①干，放在手中挤压，感觉不到土中有水分；②潮，用手握之捏成团，有微凉感觉；③润，用手握之土团上有手印；④湿，用手握之能使手湿润，但无水流出；⑤极湿，放在手中挤压，在水滴流出。

K. 碳酸钙：在野外用 1∶3 盐酸滴土壤，根据泡沫的有无或强弱予以记载。

L. pH：野外用混合指示剂在蜡纸上进行检测。

M. 土壤名称：在野外可记当地习用名称，也可用学名记载。

3. 标准地植被调查

（1）植被野外定名：按优势顺序、先灌木后草本的顺序定名。例如，荆条-铁杆蒿-白草群丛。

（2）覆盖度：指样地总覆盖度，也可分别不同层次（灌木和草本）记载覆盖度，各层次覆盖度之和可以等于或大于总覆盖度。

（3）灌丛覆盖度采用样方调查，样方可根据灌丛植株大小和分布均匀程度确定，一般采用 5m×5m，草本样方一般为 1m×1m，样方设立要有代表性，如植被分布不均匀可将样方面积加大或增多样方数。

（4）植被覆盖度测定，可用目估，也可用画投影的方法确定，也可用样方框覆盖在样方上，从每一网格交叉点朝下看一次，算作一个点，以看到植被的点数之和与总点数之比求出覆盖度。如覆盖度很大，也可以用看到的是空地的点数去除总点数，然后用 1 减去这个值，其差便是覆盖度。

（5）植被高度量测：对于灌丛，以每丛最高点量测，平均高用各丛高的算术平均数表示，草本可直接测量平均高，应多测几个点取其均值即为样地平均高。量测植被高度时，应以其自然状态的高度为准，不能用手扶正或拔起量测。

（6）灌木只测量地径，对于丛植灌木可测量每丛中等植株的地径。

（7）灌木冠幅，如为丛植，测量每丛平均冠幅。

（8）多度（abundance）是对物种个体数目多少的一种估测指标，常用于群落中草本植物的调查。国内应用较广的是 Drude 的多度分类：①Soc（Sociales）极多，地上部分郁闭；②Cop3（Copiosae）数量很多；③Cop2 数量多；④Cop1 数量尚多；⑤Sp（Sparsal）数量不多而分散；⑥Sol（Solitariae）数量很少而稀疏；⑦Un（Unicum）个别或单株。此外，还有 Bratm-Blanquet 的 5 级制。

（9）将调查数据填入表 2-10。

表 2-10　植被情况

植物群丛名称：＿＿＿＿＿＿＿＿＿＿　　野外定名：＿＿＿＿＿＿＿＿＿＿＿＿

确定名称：＿＿＿＿＿＿＿＿＿＿

总覆盖度（％）　　　第一层灌木（％）　　　第二层灌木（％）

植物名称	学名	多度	平均高度/m	平均冠幅/m	生长情况	根系及其他

被人畜危害情况＿＿＿＿＿＿＿＿＿＿＿＿＿＿＿＿＿＿＿＿＿

对林木生长的影响＿＿＿＿＿＿＿＿＿＿＿＿＿＿＿＿＿＿＿＿

造林前土地利用及植被状况＿＿＿＿＿＿＿＿＿＿＿＿＿＿＿＿

土壤侵蚀情况＿＿＿＿＿＿＿＿＿＿＿＿＿＿＿＿＿

立地条件类型＿＿＿＿＿＿＿＿＿＿＿＿＿＿＿＿＿

确定名称＿＿＿＿＿＿＿＿＿＿＿＿＿＿＿＿＿＿

4. 标准地每木调查

标准地设定后，便可开始对标准地内的林分进行详细调查，对于纯林，林分由一种树组成，而混交林往往由两种以上的树种组成。每木调查——胸径、树高、树冠等因子的调查，应分别对不同树种进行调查并分别记载于表 2-11。

表 2-11　每木调查表

树种：　　　　标准地号：　　　　标准地面积（hm²）：

造林树种		造林时间	年　月　日	调查时间	年　月　日
造林平均苗高/cm		平均地径/cm		造林密度/（株/hm²）		保留密度/（株/hm²）	

序号	树高/m	地径/m	胸径/m	冠幅/m	序号	树高/m	地径/m	胸径/m	冠幅/m

续表

序号	树高/m	地径/m	胸径/m	冠幅/m	序号	树高/m	地径/m	胸径/m	冠幅/m
平均因子	$\overline{D}=$ （cm） $\overline{H}$（依 $\overline{D}$ 查树高曲线）= （m）								

注：实测树高和实测胸径栏均指实测值，径阶不整化，未测树高的树木，不填此栏。树高测定精度至厘米。$\overline{D}$ 表示平均胸径；$\overline{H}$ 表示平均树高

（1）胸径量测。

A. 径阶组距的确定。当林分平均脚径（目测）小于 8cm 时，径阶组距为 1cm，大于 8cm 时，径阶组距为 2cm。

B. 径阶整化。径阶的整化就是将实测的径阶（带有小数）整化为不带小数，并归于某一径阶之内。例如，确定径阶组距为 1cm 时，那么记载的径阶序列应该是…，4，5，6，7，8…这里，每一个径阶代表各该径阶组的组中值，如径阶为 5cm，即代表 4.5～5.5cm 之间的所有实测径阶值，某株树实测直径是 4.4cm，那么就应记入 4cm 径阶，若实测径阶为 4.6cm，则应记入 5cm 径阶。

C. 胸径测量具体操作。从 4cm 起测，直径小于 4cm 时不测直径，按幼树记载。胸径从树高 1.3m 处量测，如此处恰为节疤或因其他原因凸起肿大时，可分别从凸处或肿大部位上、下两侧量测两个数值，取其均值，如在斜坡上，高度应从上坡算起。如树干呈扁平、有棱时，可分别量测东—西、南—北两个数，取均值予以记载，量测精度至毫米（估读）。胸径量测除测树高的株数在记载整化径阶时同时记载实测值外，其余各株均记整化径阶不记实测值。胸径量测结果记入表 2-11。

D. 平均胸径（$\overline{D}$）求算。

林分平均胸径（$\overline{D}$）采用胸高断面积加权平均法求算：

$$\overline{D} = \frac{2}{\sqrt{\pi}} \cdot \sqrt{g} = \sqrt{\frac{\sum \pi n d^2}{N}}$$

式中：$\overline{D}$ 为林分平均胸径，如为混交林时则是某一树种平均胸径，cm；d 为单株树木的胸径，cm；n 为各径阶株数；N 为标准地内树种总株数；g 为某树种平均胸高断面积，m²。

当林分为混交林时，d 及 $\overline{D}$ 应分别用不同树种求算。

（2）树高测定。树高测定不要求每株都测，一般只测 15～20 株即可，如为混交林则应分别不同树种测定记载，每种树木各测 15～20 株树高。测高树木应均匀分布在标准地内，为此，可采用每隔 4～5 株测定一株树高，测高株数还应按径阶大小合理分配，中径阶应多测几株，大径阶和小径阶分别少测几株，如测定株数为 17 株时，测高株数以径阶从大到小的分布序列可为 1，2，3，5，3，2，1，其中"5"表示中径阶应测定 5 株。

根据直径及树高测定结果绘制直径—树高曲线，直径为横坐标，树高为纵坐标。如果测定结果还不能满足绘制树高曲线需要，应根据具体情况增加测高株数并予补测，直至绘出圆滑的树高曲线为止。

树高曲线绘制时，要求各点的离差代数和为零。根据林分平均直径 $\overline{D}$，在树高曲线上查找与其相对应的 H 值，即为林分平均高 $\overline{H}$。

如果研究的目的在于立地条件评价或树木生长发育规律，而不需要推算林分蓄积量或生长率，树高只测定 3～5 株优势木即可，无需求算林分平均高，树干解析时解析木也在优势木中选取。

如果不做树干解析，胸径和树高应分别测定记载近 5 年生长量。胸径用生长锥测定，树高可直接量测，对于树木年龄，针叶树可数轮枝确定，阔叶树以生长锥测定。

（3）林分郁闭度的测定。郁闭度采用沿标准地对角线和四对边中点连线穿过标准地进行"M"形路线调查，每走 4m 朝天瞭望，根据望见的是树冠的点数求得林地郁闭度（Pc）：

$$Pc = \frac{郁闭点数}{总点数}$$

（4）标准木的查找。

A. 根据 $\overline{D}$ 和 $\overline{H}$ 的值在标准地内找出与其在数值上相符的树木，树高 H 和胸径 D 与 $\overline{H}$ 及 $\overline{D}$ 相符的树木即为标准木，标准木除满足 $\overline{D}$ 和 $\overline{H}$ 的要求外，还要求生长正常，树干中等饱满，标准木每种树木应选取 1～2 株。

B. 在选取标准木时，被选树木的实际 H 和 D 允许与 $\overline{H}$ 及 $\overline{D}$ 有一定差值（ΔH，ΔD），其差值分别为$|\Delta H| < 5\% H$，$|\Delta D| < 5\% D$。

（5）树干解析。如果对标准木进行树干解析，这时的标准木称为解析木。解析木在伐倒前要做下列工作：①填写树干解析卡片（表 2-12）；②填写解析木外业记录表（表 2-13）；③绘出解析木与相邻树木树冠投影图；④在解析木树干上标示出 S、N 向方位。

表 2-12　树干解析卡片

解析木号_____　树种_____　省_____县（林业局）_____林场_____

林班_____　小班_____　标准地号_____　时间_____

林分概况：

树种组成	混交方式	混交百分比/%	株距/m	行距/m	$\overline{D}$	$\overline{H}$	蓄积量/(m³/hm²)
1							
2							
3							
4							

地貌部位、海拔_____

坡向、坡度_____

母质、母岩、土壤_____

植被组成、覆盖度_____

其他_____

表 2-13　解析木外业记录表

标准地号_____　解析木号_____

编号	树种	生长发育级	方向	距离/m	胸径/m	树高/m	树冠长度/m 南北	东西

解析木的测定记载：

胸径____cm；树高____m；冠长____m；冠长____%

冠幅：南北____m；东西____m

全高 1/4 处的直径____cm

全高 1/2 处的直径____cm

全高 3/4 处的直径____cm

胸径最近 5 年生长量____cm；胸高半径 1cm 的年轮数____

树高生长能力（缓慢、中等、良好）：

其他：

注：解析木及其相邻树木树冠投影图，贴于此处或附于表后。比例尺：1/200～1/100

解析木的伐倒及伐倒后的外业及内业工作：①伐根应尽可能贴近地面，伐根高度应小于 5cm。②树干区分段长短依树高并参照树木生长速度而定，树高小于 5m 且为速生树种时,区分段为 1.0m,如为中生或慢生树种则可取 0.5m;当树高大于 5m 时,区分段为 1~2m,速生树种可取 2.0m,其余可取 1.0m。但是,无论树干区分段为多长,每株解析木的总区分段数都不能少于 5 段。③解析木的龄级一般为 2 年,如树木年龄较小,也可采用一年为一个龄级,如树木年龄超过 40 年,也可把龄级定得稍大一些。④树干圆盘截取时不宜太厚,也不能太薄,小树及大树的上部,圆盘厚度为 1~2cm,大树圆盘厚度可为 2cm 或大于 2cm。⑤确定圆盘截取高度,各圆盘均从确定高度的下方截取,各圆盘年轮的读取和直径的量测均以圆盘的底面截面为准。⑥所有解析木,均须在树高 1/3m 处截一圆盘。⑦圆盘截取后应从下到上依次编号,并将编号、该盘直径、年轮等数据注记于圆盘上截面,注记方式如图 2-2 所示。

图 2-2　圆盘编号

树干解析后,首先,应对各断面圆盘进行年轮判读,并分别以东—西、南—北向量测各龄级直径(D),取其均值作为断面的直径。其次,根据达各断面高及各该断面之年龄绘制树高生长过程曲线。计算各龄级树干材积,将计算结果记入表 2-14。材积计算常采用平均断面积区分求积法求算,其式为

$$V_干 = V_1 + V_2 + V_3 + \cdots + V_i + V = L\left(\frac{g_0 + g_i}{2} + g_1 + g_2 \cdots + g_{i-1}\right) + \frac{1}{3}g_{梢}L_{梢}$$

式中:$V_干$为某龄级树干材积;V_1为某龄级第 1 个区分段材积;$V_梢$为某龄级梢头木材积;L为区分段长度;g_1为某龄级第 1 个断面面积;$g_梢$为某龄级梢头木底断面面积。

表 2-14　树干直径 D、树高 H 及材积 V 量生长过程分析表

林班:　　　　小班:　　　　标准地号:　　　　解析木号:

圆盘的断面高/m	达各断面的年轮数	直径/cm 材积/m³	不同龄级											
			总年龄										
			带皮直径	去皮直径	D_1	D_2	D_4	D_6	D_8	D_{10}	D_{12}	D_{14}	D_{16}	D_{18}
伐根		东西南北												
		平均												
		东西南北												
		平均												
		材积												
		东西南北												
		平均												
		材积												
		东西南北												
		平均												
		材积												
		东西南北												
		平均												
		材积												

续表

圆盘的断面高/m	达各断面的年轮数	直径/cm 材积/m³	不同龄级									
			总年龄 || D_1	D_2	D_4	D_6	D_8	D_{10}	D_{12}	D_{14}	D_{16}	D_{18}
			带皮直径	去皮直径									
梢头	梢底直径/cm	材积/m³											
	梢头长度/cm												
树干总材积/m³													
达各年龄级之树高/m													

梢头木形状按圆锥体对待。各年龄级梢头木长度等于各年龄级树高减去各年龄级最末一个断面高。各年龄级梢头木底径即为最末一个断面直径,由各龄级树高生长过程曲线查取。

计算各龄级直径、树高及材积的连年和平均生长量,计算各龄级数及材积生长率,将计算结果记入生长过程表(表2-15)。将表2-15各项绘制成曲线图。

表 2-15 生长过程总表

年龄	胸径/cm			树高/cm			材积/cm³			形状系数	材积生长率/%
	总生长量	连年生长量	平均生长量	总生长量	连年生长量	平均生长量	总生长量	连年生长量	平均生长量		

2.3.4 实验报告

根据标准地调查,写出标准地的土壤、植被及每木调查状况,记录树木连年生长量、累积生长量、高生长量与径生长量、材积生长量等调查表，并绘制相应的图。

2.4 植物根系测定

根系在林木生活中起着特别重大的作用，因为根系从土壤吸收水分和无机物，并参加许多有机化合物的合成，树木体内的新陈代谢大都是由它决定的。因此整个树木的生命活动是与根系活动紧密联系在一起的。根系不但吸收土壤溶液中被溶解的物质，并以此供给地上部分，同时它还积极地促使土壤内贮藏的养分变为易溶解的化合物，这首先是由于根系对养分的溶解作用，其次是借根的分泌物将土壤微生物吸引到根系分布的区域中来，而这些微生物能在其生命活动的过程中，将氮及其他元素的复杂有机化合物转变为植物根系易于吸收的类型。

林业工作者只有在详细地分析林木地上部分与地下部分的相互作用的基础上，才能正确地选择树种及确定合理的造林密度，以便在水土流失地区建立稳固的森林。在造林及林木抚育管理时也必须熟悉根系发育的特性及其构造，才能正确地采用造林技术措施。

2.4.1 实验目的

（1）通过对植物根系进行初步挖掘，观察不同植物根系的类型和差别。

（2）通过对根系进行挖掘，观察根系在不同生境下的分布特征，包括水平分布和垂直分布的范围与层次。

（3）观测一些植物根系上的特征构造，分析其与环境之间的关系。

2.4.2 实验原理

不同的植物其根系类型不同，分布范围不同，性状也不同。特别是草本植物，根系细弱，须根较多而易断，挖掘时一定要小心。此外根系的分布具有一定的方向性，如果进行范围跟踪，须注意根系的走向、转折和粗细的变化等。对于根系分布深的直根系植物只需进行 1m 以内的断面挖掘即可，主要对灌木、半灌木和草本的根系进行挖掘和观测。

2.4.3 实验仪器

每组须准备军用工具锹、镐各 1 把，水果刮刀 1 把，钢卷尺 2 把，0.1mm 土壤筛 1 个，尼龙网袋若干，游标卡尺 1 把，方格纸若干，铅笔 2 支，小刀 1 把。全班共用电子天平 1 台。

2.4.4 实验步骤

在实验区域，分别选择常见植物 3~5 种（以灌木和草本为主），或根据指导老师的规定，挖掘 3~5 种植物的根系，分别观测其水平分布、垂直分布和根系重量。

1. 根系水平分布观测

首先，在实验区选择生长健壮、无病虫害的植物若干株，测量其地上部分高度、冠幅（乔木）/灌幅（灌木）/丛幅（半灌木或草本）、胸径/地径等指标。然后从根基部/根茎部开始，用刮刀轻轻地去除表土，待看到有根系出现时，确定其走向，并沿着根系走向向外挖掘，直到跟踪至根系的末端，测量其距离即为此根系的水平分布距离。如此不断向四周、向下进行较多和较大根系的跟踪，并用游标卡尺测量其根基部或根茎部的直径，即可观测到每种植物每一级根系的最大水平分布距离。

2. 根系垂直分布观测

同样，选择生长健壮、无病虫害的植物若干株，测量其地上部分高度、冠幅（乔木）/灌幅（灌木）/丛幅（半灌木或草本）、胸径/地径等指标。然后从根基部/根茎部开始，用军用锹镐向下挖掘100cm深、100cm宽（沙面需要200cm宽）、200cm长的根系剖面，然后观察剖面上根系的露头情况，并按10cm一层分层计数根系的个数，用游标卡尺测量每个根系的直径，然后在剖面上用钢卷尺测量其垂直和水平位置，在方格纸上绘制其位置，并用圆圈的大小描述其根系的级别。分级时，可根据测定植物种类的不同而划分，如灌木或乔木可用<0.5mm、0.5~1mm、1~3mm、3~5mm、5~7mm、7~11mm、>11mm等级别划分。

测量出各层根系的分布数量、径级即可明确根系的主要分布层。根系分布层主要为根系数量集中分布的层次。

3. 根系重量的测定

根系重量的测定是非常不易的，目前通常使用的办法有条带状壕沟法、点状挖掘法、全面挖掘法等。但壕沟法、全面挖掘法费时、费工，点状挖掘法则需要大量的采样，无论哪一种方法在实验上都不适用。为此，我们的重要测定只能进行局部的测定。这部分实验可配合刚才根系垂直分布观测实验进行，即在开挖长方形剖面时，不是一次成形，可将剖面（200cm长）分隔成两段分别分层取样，这样每一层土样便形成一个长方体土柱，规格为100cm长×200cm宽×10cm厚，将根系及土装入尼龙网袋内，用水清洗，去除沙土，将根系捡出，量其长度和粗度，并放入阴凉处风干或可在烘箱内75℃下烘干，然后用电子天平称重即可得到剖面内根系的干重。

2.4.5 实验报告

（1）描述实验时间、地点、植物地上部分概况。

（2）按上述步骤依次描述并绘制地下根系的水平分布、垂直分布、垂直分布图、径级分布等。

（3）进行植物种根量的分层测量及计量，确定根系的主要分布层和根量垂直分布图。

（4）讨论根系测定方法及根系的分布情况。

2.5 森林枯枝落叶层水容量的测定

2.5.1 实验目的

（1）理解森林枯枝落叶层的概念、组成及其分辨方法。

（2）掌握森林枯枝落叶层厚度的测定及取样方法。

（3）熟练掌握森林枯枝落叶层水容量的测定方法。

2.5.2 实验仪器

钢尺、烘箱、土壤筛、水盆。

2.5.3 实验步骤

（1）在不同树种组成的水土保持林分内选择直径为 20cm 的圆形标准小区或边长为 50cm 的方形标准小区，在小区内首先用钢尺测量枯枝落叶层的总厚度、半分解和分解层的厚度，记入森林枯落物层水容量测定表内（表 2-16）。

表 2-16 森林枯落物水容量测定表

调查地点	林分名称	林龄/年	枯落物厚度			样方内枯落物干重/g	浸水 8h 后枯落物水容量		每公顷枯落物干重/t	每公顷枯落物吸水量/t	备注
			总厚度/cm	未分解层厚度/cm	半分解层厚度/cm	分解层厚度/cm		（mm）	（%）			

调查日期：

（2）将此小区内的所有枯落物在不破坏原有结构的情况下，将它收集在高 5cm、直径 20cm 的土壤筛内，然后带回室内，放入烘箱内（在 60~80℃温度下烘 8~10h）烘干，若在当地没有烘箱条件下，也可将枯落物放在太阳下晒干，称其重量，并换算出每公顷林地上枯落物的重量，将此数值记入表内。

（3）将称过的枯落物连同土壤筛放入水盆中，使水层必须淹没土壤筛（此时土壤筛必须加上盖，防止枯落物在水中漂浮），经过 8~10h 后从水中迅速取出土壤筛称其重量，根据前后称重所获得的数值换算出枯落物的水容量。

$$水容量（水层厚度）(mm) = \frac{经8\sim10h后的带水枯落物重 - 枯落物干重}{\pi r^2}$$

$$水容量（\%）= \frac{经8\sim10h后的带水枯落物重 - 枯落物干重}{枯落物干重} \times 100$$

式中：r 表示圆形标准小区的半径。

2.5.4 实验报告

（1）根据测定结果和表 2-16 记录结果，计算各样地不同林地森林枯枝落叶层（枯落物）水容量。

（2）对比不同分解程度的枯落物的分辨特征及其重量组成。

（3）比较不同林地三种枯落物层的厚度，并分析其差异原因。

2.6 森林生物量调查

2.6.1 实验目的

森林生物量和生产力是森林生态系统研究的基础。森林生物量是森林植物群落在其生命过程中所产干物质的积累量，是森林生态系统的最基本数量特征。它的测定以生物量测定最为重要。森林植物生物量由乔木、灌木、草本植物、苔藓植物、藤本植物一级凋落物层组成。木本植物的生物量是森林生物量的基础，主要由干、枝、叶、根及果等部分组成。本实验的目的是使学生掌握森林生物量调查的主要内容和常用方法，加强对森林（林木）物质生产状况、生产力水平的了解与测试分析技能。

2.6.2 实验仪器

主要用具有皮尺、钢卷尺、修剪尺、手锯、铁锹、电子天平（感量为 0.01g）、烘箱、铅笔、塑料袋、样方框、牛皮纸信封、标签、记号笔、计算器、粉笔、记录表格等。

2.6.3 实验步骤

1. 林木生物量测定

森林生物量的测定可分为林木生物量测定和林分生物量测定两大类。常用的方法主要有样本法（标准木或样本木）、收获法以及数学分析方法等。本节主要介绍样本法和数学分析方法。

林木生物量可分为地上和地下两部分。地下部分是指根系的生物量，地上部分主要包括树干生物量、枝生物量和叶生物量。在生物量的测定中，首先测定树木的干、枝、叶、根的鲜重，然后通过求算含水量计算干重。除称量各部分生物量的干重量外，有时还要计算它们占全树总生物量干重的比例，此比例称为分配比。一般通过选取标准木或样本木测定。

（1）树干生物量测定。树干生物量的测定一般采用标准木或样本木全称重法，是指树木伐倒后，摘除全部枝叶称其树干鲜重，采样烘干得到样品干重与鲜重之比，从而计算样木树干的干重，这种方法是测定树木干重最基本的方法，工作量较大但获得的数据可靠。具体做法为对选取的标准木（用平均标准木法、等株径级标准木法或径阶等比标准木法或样本法），按树干解析方法把树干截成若干段，量取各段中央带皮直径、去皮直径，并截取圆盘。测定各段长度、各区分段与每个圆盘的鲜重和材积，将结果计入表 2-17。树干鲜重＝各区分段鲜重＋圆盘鲜重＋梢头鲜重。

表 2-17 标准木树干分段的鲜重量测记录表

区分段号	大头直径（或中央直径）/cm		小头直径/cm		区分段长/m	鲜重/g	圆盘号	平均东西/cm	平均南北/cm	圆盘厚/cm	圆盘鲜重/g	备注
	带皮	去皮	带皮	去皮								

将所有圆盘装入塑料袋内拿回实验室。在室内对各圆盘再次取样，测定试样鲜重后，将试样放入烘箱中，在 105℃下烘干 8h，取出称重。然后重复烘干称重一次，如果两次重量不等，再放入烘箱中，经 2h 后取出称重，直到绝干状态，计算出每个试样的含水率 P，再通过含水率把鲜重换算成干重。

$$P = \frac{W_{鲜} - W_{干}}{W_{鲜}} \times 100\%$$

$$W_{干} = W_{鲜}(1-P)$$

式中：P 为树干含水率，%；$W_{鲜}$ 为树干鲜重，g；$W_{干}$ 为树干干重，g。

（2）枝叶生物量测定。树木的枝条分为 1 年生和多年生，树叶因所在树冠部位（上、中、下）的不同，其含水率相差较大。落叶树的叶龄为 1 年，但常绿树的叶龄不同，含水率不同，因此需要根据实际情况进行测定。

树木枝和叶的生物量测定有全数调整法、标准枝法、抽样法、回归法等估计方法。以下介绍标准枝法和抽样法。

以重量为基准的分级标准枝法，选取具有平均带叶枝鲜重、叶量中等的枝条作为标准枝。将树冠分上、中、下三层，按顺序测定每个枝条带叶的鲜重，并计算出平均带叶枝鲜重，按平均重量选取 3~5 个标准枝，一般标准枝抽出数量在 20%以上时，可获得良好估计效果；对标准枝摘叶，分别测定枝量和叶量，并在每一层取烘干样品，一般叶取 50g，枝取 100g；根据每层标准枝推算出各层枝、叶鲜重和干重（表 2-18）然后将各层枝、叶重量相加，得到树木的枝重和叶重。

表 2-18 标准枝法枝重和叶重测量表

枝号	部位	基径/cm	枝长/cm	枝叶重/g	枝重/g	叶重/g	合计/g

以基径和枝长为基准的分级标准枝法，选取具有平均基径和平均枝长，且叶量中等的树枝作为标准枝。一般计算侧枝（若为 N 个枝）的算术平均值作为平均基径和平均枝

长。将树冠分上、中、下三层，按顺序测定每个枝条基径和枝长，并计算出各层平均基径和平均枝长，各层按平均基径和平均枝长，选取3~5个标准枝；其后是对标准枝摘叶，分别测定枝量和叶量等，方法与以重量为基准的分级标准枝法相同。

抽样法计算枝叶生物量是先把树冠中所有侧枝编号，用随机数字表抽出，按精度要求测定样枝的枝重和叶重。

$$\overline{X}_{枝}=\frac{1}{n}\sum_{i=1}^{n}X_i$$

$$\overline{X}_{叶}=\frac{1}{n}\sum_{i=1}^{n}X_i$$

$$W_{枝}=N\overline{X}_{枝}\pm W\frac{N\pm s}{\sqrt{n}}\sqrt{\frac{N-n}{n}}$$

$$W_{叶}=N\overline{X}_{叶}\pm W\frac{N\pm s}{\sqrt{n}}\sqrt{\frac{N-n}{n}}$$

式中：$\overline{X}_{叶}$ 为鲜叶重量，g；$\overline{X}_{枝}$ 为鲜枝重量，g；$W_{枝}$ 为全枝估计量，g；$W_{叶}$ 为全叶估计量，g；n 为抽样数，个；N 为总数，个；X_i 为各枝条或叶的鲜重，g。

（3）根系生物量测定。根系生物量一般采用挖掘法或土钻法测定。以标准木或样木之伐根为中心，将全部树根挖出。挖取过程中要对土壤进行分层，可分为0~30cm、30~50cm、50~100cm 3个层次，边挖边拣出全部根系，不要草根；将根系按粗度分级，一般分为细根（小于0.2cm）、小根（0.2~0.5cm）、中根（0.5~2.0cm）、大根（2.0~5.0cm）、粗根（大于5.0cm），分别称其鲜重，并取样供烘干用，根桩部分单独称重并取样。将测定结果计入表2-19。

表2-19 标准木根系生物量（鲜重/干重）测定表

标准木	细根/g	小根/g	中根/g	大根/g	粗根/g	根桩/g	合计/g

2. 林分生物量测定

林分生物量测定一般采用皆伐实测法、平均标准木法、分层标准木法、回归估计法。标准木法是在标准内通过选择标准木或样本木，测定其各部分重量，以推断林分或单位面积的生物量。为了估计精确，最好采用标准木或样本木全部测定生物量的方法。

（1）皆伐实测法。为较准确的测定林分生物量，或者为检验其他测定方法的精度，往往采用小面积皆伐实测法，即在林分内选择适当面积的林地，将该林地内所有乔木、灌木、草本等皆伐，测定所有植物的生物量 W_i，其生物量之和 $\sum W_i$，即为皆伐林地生物量。皆伐实测法对林分中的灌木、草本等植物生物量的测定更为适合。

$$W=\frac{A}{S}\sum W_i$$

式中：W 为全林分生物量，kg；A 为全林分面积，m^2；S 为皆伐林地面积，m^2；$\sum W_i$ 为皆伐林地生物量，kg。

（2）平均标准木法。以每木调查结果计算出全部立木的平均胸高直径为选择标准木的依据，把最接近于这个平均值的几株立木作为标准木，伐倒称重。然后，用标准木的平均值 $\overline{\omega}$ 乘以单位面积上的立木株数 N。

$$W = N \times \overline{\omega}$$

式中：W 为单位面积林分生物量，kg；N 为单位面积上立木株数，棵；$\overline{\omega}$ 为单位面积上胸高总断面积，m^2。

（3）分层标准木法。依据胸径级和树高级将林分或标准地林木分成几层，然后在各层内选测平均标准木，并伐倒称重，得到各层的平均生物量测定值，乘以单位面积各层的立木数，即得到各层生物量，各层生物量之和即为单位面积林分生物量总值。

$$W_i = N_i \overline{W_i}$$
$$W = \sum W_i$$

式中：W_i 各层生物量，kg；$\overline{W}$ 为各层的平均生物量，kg；N 为各层立木株数，棵；W 为单位面积林分生物量，kg。

（4）回归估值法。回归估值法是以模拟林分内每株树木各分量（干、枝、叶、皮、根等）干物质重量为基础的一种估计方法，它是通过样本观测值建立树木各分量干重与树木其他测树因子之间的一个或一组数学表达式，该数学表达式也称为林木生物量模型。表达式一定要尽量反映和表征树木各分量干重与其他测树因子之间的内在关系，从而达到用树木易测因子的调查结果来估计不易测因子的目的。

2.6.4 数据整理与分析

森林生物量调查结果与分析的主要内容包括标准木树干分段的鲜重量测（表2-17）、标准法的枝重和叶重测量（表2-18）和标准木根系生物量测定（表2-19）。在整理上述表格数据的基础上，推算标准木和林分的生物量，并简要分析林木生物量的分配状况及森林生产水平和立地质量。

2.7 植物蒸散量测定

植物蒸散量是植物气孔蒸腾和植物表面蒸发散失的水量之和。蒸散量是水量平衡计算中必不可少的要素之一。测定方法有快速称重法、器测法（Li-1600或Li-6400）、树干液流计法、能量平衡法、水量平衡法等。最为简单易行的是快速称重法。

2.7.1 实验目的

水分通过植物叶片表面和气孔散失的过程称为植物蒸散，散失的水分量为蒸散量。蒸散量属于水量平衡中主要的水分损失量，可根据降雨量和蒸散量计算出径流量。植物蒸散的水分大部分来源于土壤水分，故而蒸散量是模拟和计算土壤水分动态中必须准确把握的因素。另外，在干旱地区营造水土保持植被时，蒸散量是确定合理密度的关键要素。因此蒸散量的观测是水文与水资源学中必须掌握的重要内容之一。

通过本实验，使学生掌握植物蒸散量的基本测定方法（快速称重法）、植物蒸散过程测定方法、植物日蒸散量的计算方法、叶面积的测定方法，通过对比不同植物的日蒸散量，掌握评价植物耗水特性的方法，尝试蒸散量的尺度扩展。

2.7.2 实验原理

由于植物叶片的水势高于周围大气的水势，叶片中的水分会不断向大气中散失，同时植物叶片在进行光合作用和呼吸作用时，气孔开张，叶片内部的水分也会向大气逸出。植物叶片内的水分散失后，如果没有水分补充，叶片的重量就会减少，单位时间内植物叶片重量的变化量就是该时间内水分的散失量，也就是植物体蒸散量。根据这一原理设计出了利用快速称重测定植物蒸散量的方法。从植物体上剪下一个枝条，快速称其重量，然后将其放回原来植物体上的位置一定时间后，再称重，两次重量之差就是该段时间内该枝条的蒸散量。

2.7.3 实验仪器

因为植物的蒸散量受气象因子和土壤水分状况的共同影响，所以在测定植物蒸散量时必须同时测定大气温度、湿度、风速等气象因子以及土壤含水量。本实验需要的仪器有：测定大气温度和湿度的通风干湿表或自记温度湿度计、测定风速风向的手持风速风向仪、测定土壤含水量的土壤水分快速测定仪、测定植物体重量变化的电子天平（感量为0.001g）。除此之外，还需要的一些用具有：枝剪、秒表或计时器、12V 电瓶、将直流转变为交流的逆变器（给电子天平供电）、防风罩（测定过程中防止风对电子天平称重的影响）。

2.7.4 实验步骤

1. 观测样地选择与调查

在实验地选择有代表性的植物群落作为调查对象，测定所调查群落的树种组成、树高、胸径、密度、郁闭度、地面盖度、坡向、坡度、坡位、土壤类型等基本情况。在调查群落中选择标准株作为测定株。

2. 电子天平安装

在待测定的植物体附近放置一个天平安置台，将感量为0.001g的电子天平放在安置台上调平，并在天平四周布置一个防风罩（防风罩的一侧能够打开，以便于进行称重），将逆变器连接在12V的电瓶上给电子天平供电（如果有野外电源或发电机，可以不要逆变器和电瓶）。

3. 蒸散叶面积计算

在测定株上用枝剪剪下一个枝条，立刻放在天平上称重（W_1）后开始计时，并迅速将其放回植物体的原来位置，一定时间（3~5min）后再称重（W_2）。同时测定空气温度、湿度、风速、土壤含水量。称重完成后，将测定枝条上所有叶片描绘在方格纸上，求算蒸散的叶面积 S。

4. 蒸散日变化过程测定

选定待测植物，从8点至20点每隔1h重复测定3~5个枝条的蒸散量，得到蒸散量的日变化过程。每次测定时，必须同时测定空气温度、湿度、风速、土壤含水量。

2.7.5 数据整理与分析

某一时刻单位叶面积的蒸散速率（E_i）为

$$E_i = (W_1 - W_2)/(TS)$$

式中：T 为测定时枝条蒸散的时间（一般为 3～5min），min。

单位叶面积的日蒸散量（E）为

$$E = \sum_{i=1}^{n} \frac{E_i + E_{i+1}}{2} \times (T_{i+1} - T_i)$$

式中：E_i 为第 i 次测定的蒸散速率，mm/min；T_i 为第 i 次测定的时间，min。

以时间为横坐标，以单位叶面积的蒸散速率为纵坐标，绘制蒸散速率的日变化过程线。测定不同植物的蒸散速率和日蒸散过程，对比分析不同植物蒸散速率、蒸散过程、日蒸散量的差异，分析不同植物蒸散耗水的特性。分析蒸散量、蒸散速率与气象要素、土壤含水量的关系，探讨分析影响植物蒸散耗水的关键要素。尝试将测定的枝条的蒸散量，通过尺度扩展转化为一株树和一个林分的蒸散量（表 2-20）。

表 2-20 快速称重法测定植物蒸散量记录表

调查日期：　　　　　　　　　　　　　　　　　　　调查人：

样地名称		地点		海拔/m		地理坐标	
样地面积/m²		坡向		坡位		坡度/(°)	
土壤类型		土壤厚度/cm		母质种类		基岩种类	
植被类型		群落名称		郁闭度/%		密度/(株/hm²)	
树高/m		胸径/cm		地面盖度/%		生物量/g	

时间	Δt/h	W_1/g	W_2/g	ΔW/g	T/℃	Sd/%	V/(m/s)	θ/%	S/cm²	E_i/(mm/h)

单位叶面积的日蒸散量/mm	
测定株的叶面积/cm²	
单株树木的日蒸散量/mm	
林分的日蒸散量/mm	

注：表格中 Δt 为测定枝条蒸散的时间长；W_1 为蒸散前枝条的重量；W_2 为蒸散后枝条的重量；ΔW 为蒸散前后枝条的重量差；T 为测定时段内大气平均温度；Sd 为测定时段内大气平均湿度；V 为测定时段内平均风速；θ 为土壤含水量；S 为测定枝条上所有叶片的面积之和；E_i 为测定时段内单位叶面积的平均蒸散速率

2.7.6 实验报告

实验报告的内容包括两方面：一方面为测定样地和待测植物体的基本情况和测定过程介绍；另一方面为植物蒸散量测定结果。测定样地的基本情况包括：地点、坡度、坡向、坡位、群落类型、林种、郁闭度、密度、地面盖度等。

待测植物体的基本情况包括：树高、胸径（地径）、树龄、物候期、生长状况、叶面积与胸径的关系曲线、叶面积指数等。

测定过程介绍包括：观测开始时间、观测结束时间、观测时间间隔、采样部位、每次测定叶片的叶面积、重复测定情况、气象要素和土壤水分状况、数据记录表的填写状况等。

植物蒸散量测定结果包括：每一测定时刻的蒸散速率、平均蒸散速率、日蒸散量、蒸散速率的日变化过程线，蒸散速率与气象要素的关系，蒸散速率与土壤水分状况的关系，不同植物蒸散速率、蒸散耗水量、蒸散速率日变化过程的对比分析，影响植物蒸散耗水的关键要素分析，蒸散量的尺度扩展。

2.8 林带透风系数的测定

2.8.1 实验目的

（1）理解林带透风系数的概念及其意义。
（2）理解林带透风系数的实验原理。
（3）熟练掌握林带透风系数的测定方法及步骤。

2.8.2 实验原理

林带透风系数是指当风向垂直林带时，林带背风林缘 1m 处高度范围内的平均风速与旷野地区相同高度范围内的平均风速之比。透风系数是衡量林带结构优劣的重要参数，又是确定林带结构的依据之一。在科学研究上，常依据透风系数的大小，将林带划分为通风结构、疏透结构和紧密结构三种类型，而不同结构和林带具有不同的防风效应。

若以 α_0 表示透风系数，H 为林带高度，以 $\overline{V}$ 表示对时间的平均风速、$[\overline{V}]$ 表示对空间的平均风速，则：

$$\alpha_0 = \frac{\frac{1}{H}\int_0^H \overline{V}_{(z)} dz}{\frac{1}{H}\int_0^H \overline{V}_{0(z)} dz} = \frac{[\overline{V}]}{[\overline{V}_0]}$$

式中：$\overline{V}_{(z)}$ 为背风面林缘处某一高度 Z 处的平均风速；$\overline{V}_{0(z)}$ 为旷野某一高度 Z 处的平均风速。$[\overline{V}]$ 是背风林带高度范围内的平均风速，$[\overline{V}_0]$ 是旷野林带高度范围内的平均风速。

2.8.3 实验仪器

电接风向风速计（或其他的风速风向仪）10 台，测高器 4 个，皮尺、钢卷尺 4 套，梯子 4 个，记录夹、记录表、记录笔、橡皮自备。

2.8.4 实验步骤

（1）选择有代表性、可比性且其周围地势平坦开阔的林带作为测定对象。

（2）用测高器测定林带的平均高度，按林带结构层次状况将整个林带高度（H）划分为 3~5 段，并测定记录每一段的林带高度（h_i）。

（3）在林带背风林缘 1m 处，分别用风速仪测定每一高度的风速（V_i），同步测定旷野同一高度处的风速，每次测定重复 3 次。

（4）记录各次测定的数值，求取其平均值作为平均风速，利用以下公式进行计算：

$$\alpha_0 = \frac{\sum_{i=1}^{n} h_i V_i}{\sum_{i=1}^{n} h_i} = \frac{\sum_{i=1}^{n} h_i V_i}{H}$$

2.8.5 实验结果与分析

在计算实验结果的基础上，分析判断测定林带所属的结构类型，要求学生分析讨论对测定的基本原理、测定步骤及注意事项等方面的体会。

2.9 林带疏透度的测定

2.9.1 实验目的

（1）理解林带疏透度的概念及其内涵。
（2）掌握方格法、照相法和目估法等疏透度实验原理。
（3）熟练掌握几种疏透度测定方法和步骤，并比较其差异。

2.9.2 实验原理

林带疏透度是指林带林缘纵断面透光空隙的面积与该林带纵断面面积之比，是显示枝叶稀密程度的几何量度，是判断林带结构的重要参数。通过测定林带的透光程度间接鉴定林带的透风状况，在生产实践中多以疏透度的大小将林带划分为通风结构、疏透结构和紧密结构三种类型，不同结构类型林带的防风效应具有较大的差别。

疏透度以 β 表示，设 a 为透光孔隙面积，A 为林带纵断面的总面积，则：

$$\beta = \frac{a}{A} = \frac{\sum_{i=1}^{n} a_i}{\sum_{i=1}^{n} A_i}$$

式中：$i=1, 2, \cdots, n$，n 为将林带林带划分的格数；a_i 和 A_i 分别为每格的透光孔隙面积及总面积。

2.9.3 实验仪器

（30×40）cm^2 的透明玻璃 10 块，三脚架 4 个，照相机 1 台，测高器 4 个，皮尺、钢卷尺各 4 套，梯子 4 个，记录夹、记录表、记录笔、橡皮自备。

2.9.4 实验步骤

（1）选择有代表性、可比性，且地势平坦开阔的林带作为测定对象。

（2）方格法测定步骤：取 30cm×40cm 的透明玻璃，刻 1200 个 $1cm^2$ 的小方格。测量人站在垂直于林带横断面的背风面足够远处（约10H），将方格框架垂直安放在三脚架上，使林带上缘、下缘都框在方格框中，在玻璃上画出透光孔面积 a_i，利用公式求算 β。

（3）照相法测定步骤：在距林带足够远处（10H处），面对林带摄取正视图，然后在放大的照片上查算透光孔面积 a_i 和总面积 A_i，利用公式求算 β。或将照片拷贝到电脑内，利用图像处理软件，勾绘透光或不透光面积（哪个工作量小勾绘哪个），然后利用公式进行计算即可。

（4）目测估计法步骤：按林带疏透度大小的分布特征，将林带在垂直方向上分成若干段，如 h_1 为灌丛，h_2 为树干，h_3 为林冠下缘，h_4 为林冠中部，h_5 为林带梢部，采用量测或目估测算各段疏透度 β_1、β_2、β_3、β_4、β_5，则总疏透度（B）为

$$B=\sum h_i\beta_i/\sum h_i \,(i=1,2,3,4,5)$$

2.9.5 实验结果与分析

（1）计算三种方法量度下的疏透度。
（2）在实验计算结果的基础上，分析判断所测定林带所属的结构类型。
（3）分析比较三种测定方法的优缺点，分析疏透度与透风系数的区别与联系。

2.10 林带防风效能的测定

2.10.1 目的要求

（1）理解林带防风效能的概念及实验原理。
（2）熟练掌握林带防风效能的测定方法和步骤。

2.10.2 实验原理

林带防风效能是林带防风效应的主要参数之一，又称为风速减弱系数，通过测定林带防风效能的大小，可以评价林带结构的优劣及防护效应的大小。林带防风效能是距林带水平距离为 x，高度为 z 处的时段，平均风速比旷野同高度处时段平均风速减少的百分数。

设林带背风面某点（x，z）的时段平均风速为 $\mu_{x,z}$，旷野同高度处某点（0，z）的时段平均风速为 $\mu_{0,z}$，则防风效能（$E_{x,z}$）表达为

$$E_{x,z}=\frac{\overline{\mu}_{0,z}-\overline{\mu}_{x,z}}{\overline{\mu}_{0,z}}\times 100\%$$

2.10.3 实验仪器

电接风向风速计（或其他的风速风向仪）10 个，皮尺、围尺 4 套，测高器 4 个，记

录夹、记录表、记录笔、橡皮等自备。

2.10.4 实验步骤

（1）选择具有代表性、对比性，且地势开阔平坦的林带作为实验对象。

（2）分别在林带背风面 5H、10H、15H 距离处，选定 3 个观察点，用风速仪观测各点在 1.5m 高度的时段平均风速 $\overline{\mu}_{5H,1.5}$、$\overline{\mu}_{10H,1.5}$ 和 $\overline{\mu}_{15H,1.5}$；同时，观测旷野在 1.5m 处的时段平均风速 $\overline{\mu}_{0,1.5}$。

（3）利用公式计算林带背风缘各测点的防风效能，其公式为

$$E_{iH,z} = \frac{\overline{\mu}_{0,1.5} - \overline{\mu}_{iH,1.5}}{\overline{\mu}_{0,1.5}} \times 100\% (i=5,10,15)$$

2.10.5 实验结果与分析

（1）计算林带背风缘各测点的防风效能，分析防风效能与林带距离的关系。
（2）分析所测定林带防风效应的优劣。

2.11 林带改善小气候效应测定

2.11.1 实验目的

（1）掌握小气候仪或其他测定小气候效应的仪器使用方法及数据整理方法。
（2）掌握林带改善小气候效应的测定方法，了解林地对小气候的改善效应。

2.11.2 实验原理

林带具有多种防护效益，如防风固沙、固持水土、涵养水源、改善气候等。小气候要素主要包括辐射（总辐射、反射辐射、净辐射、光照度、光照时间等）、热量（大气温度、土壤温度）、水分（大气相对湿度）、风（风速、风向）的变化等。

受不同结构林带的影响，林带前后一定距离内风速均会发生明显的变化。林带及其作用范围内，由于乱流交换和风速降低等作用，会使林带周围大气热量收支发生变化，引起气温的变化。一般地，在白天，林带背阴面附近及带内地面得到太阳辐射的能量较小，故温度较低，而在向阳面由于反射辐射的作用，林缘附近的地面和空气温度常常高于旷野。与此同时，林带的蒸腾作用使得林带附近的大气湿度相对较高。因此，在林带附近的小气候较旷野会发生明显的变化。

鉴于课程实验时间有限，建议对小气候效应仅测定风速、大气温度和大气相对湿度等指标。

2.11.3 实验仪器

四合一小气候仪 8~12 个，该仪器可综合测定平均风速 V（m/s）、最大风速 V_{max}（m/s）、温度 T（℃）、相对湿度 RH（%）、气压（Pa）、海拔（m）、露点温度（℃）、风热指数、

风寒指数等指标。

如果没有此仪器，则需要通风干湿表8～12台，电接风向风速计8～12个。

2.11.4 实验步骤

（1）选择具有代表性、对比性，且地势平坦开阔的林带（地）作为实验对象。

（2）每班分4个组，每组4台仪器，2台在林外，2台在林带背风缘（林内）3H处，林内林外同时开始观测，50cm和150cm两个高度同时开始观测。

（3）每组测定5～10min，记录测定期间的风速、温度、相对湿度等指标的变化。记录3次数据，求平均值作为观测值，将数据记录到表2-21。

表2-21 林地改善小气候效益的测定

高度	次数	气温/℃		相对湿度/%		风速/（m/s）		露点温度/℃	
		林内	林外	林内	林外	林内	林外	林内	林外
50cm	1								
	2								
	3								
	平均								
	Δq								
	Δp/%								
150cm	1								
	2								
	3								
	平均								
	Δq								
	Δp/%								

（4）对比林内、林外的观测数据，定量计算并分析林内、林外的小气候变化情况，包括气温、相对湿度、风速及其他指标的变化，明确林带（地）改善小气候的作用。变化量（率）用下式计算：

$$\Delta q = q_a - q_0$$
$$\Delta p (\%) = (q_a - q_0)/q_0 \times 100$$

式中：Δq 为林带（地）内外小气候的变化量；Δp（%）为林带（地）内外小气候变化率；q_a 为林内的小气候观测量；q_0 为林外的小气候观测量。

（5）注意事项：①观测者不要站在仪器上风向，以免影响风速的变化。②不要让面部近距离正对仪器，以免因呼吸而影响温湿度及风速的变化。③尽量保证观测者与仪器的距离远一些。④仪器贵重，严禁用嘴直接吹动风杯，特别不能碰触温度感应装置。

2.11.5 实验结果

（1）计算林带（地）的小气候各指标值的变化量和变化率。

（2）分析所测定林带小气候的改善效应，验证小气候改善原理。

第 3 章　土壤因子类实验

3.1　土壤水分的测定

土壤水分是土壤肥力重要的组成部分，也是植物生长不可缺少的条件，土壤中的营养物质必须溶解于土壤水中，才能被植物根系所吸收。而土壤中有机物质的积累、转化和运转，以及土壤生物和微生物的生活都离不开土壤水分，特别是在我国北方干旱和半干旱地区的造林成败往往主要取决于当地的土壤水分状况。

在生产过程中随时掌握土壤水分含量和了解土壤水分的运动状况是极其必要的，因为只有掌握了作物及林木在不同时期对水分的需求量才可采取相应的措施，以达到提高生产力的目的。

3.1.1　实验目的

（1）理解土壤含水量的概念及其重要性。
（2）掌握土壤含水量的测定方法。

3.1.2　实验原理

土壤水分的测定方法很多，最常用的是烘干法，即在一定温度下，自由水和吸湿水都被烘干，而一般土壤有机质则不致分解，但是也有某些有机质在此温度烘烤时能逐渐分解而失重，而另一些有机质则能逐渐氧化而增重。因此，严格来说，用烘干法只能测得近似的水分含量，但由于一般土壤有机质含量不多，其中受烘烤而起明显变化的又占少数，故用烘干法所求得的水分含量的准确度和精密度通常已能达到土壤分析的要求，因此在一般土壤分析工作中，测定土壤水分仍以烘干法为基础。

用烘干法测定土壤水分时，烘烤的时间应该以达到恒重为准（烘至恒重就是烘至重量不再减轻，即一直烘至两次重量相差不超过规定要求。也可通过延长烘干时间，只需一次称得的重量，也可认为达到恒重）。但由于上述误差的存在（特别是含有机质较多的土壤要达到恒重有时是困难的，也可以人为规定一个一定的烘烤时间，如在 105～110℃下烘 8h）。有机质含量特别高的土样可以用减压低温法（用 70～80℃的温度，在小于 2.67kPa 压力下）烘干之。由土样在烘烤期间的失重，即可计算土壤水分百分率。

3.1.3　实验仪器

铝盒、铁锹、刮刀、钢尺、标签、胶带纸、记录本、记录夹、铅笔、橡皮、烘箱（95% 乙醇）、电子天平。

3.1.4 测定步骤

1. 烘干法

(1) 取小铝盒,洗净后先烘干,再用感量为 0.01g 的电子天平称出小铝盒的重量。

(2) 在测试样地内布置土壤水分测试样点,在各样点挖掘土壤剖面,从剖面上的每一层土壤分层由下至上取样,每层重复取样 3 个,土样装入铝盒。

(3) 在野外记录各层土样的铝盒编号(或用标签标注),用胶带纸密封好带回室内,迅速用电子天平称重(土壤采样后待测时间不宜过长,以免水分蒸发,影响测定的准确性),取样时注意拣出石粒和植物残渣,此时得"湿土重+盒重"。

(4) 将含湿土的铝盒放进烘箱,铝盒的盖子平放在盒下,在 105~110℃的温度下烘烤 8h,取出铝盒,随手盖好盒盖,放进干燥器中冷却 20min,立即称重,得"干土重+盒重"。

(5) 若称量时不能称得恒定重量,则继续烘烤 8h,冷却后再称重,直至恒重为止(两次重量之差不大于 3mg)。

(6) 将各次称重数量记录至表 3-1 中,然后用下式求出土壤含水率。

$$土壤含水率 W(\%) = \frac{水分重}{干土重} \times 100 = \frac{(湿土重+盒重)-(干土重+盒重)}{(干土重+盒重)-盒重} \times 100$$

表 3-1 土壤湿度测定记录表

标准地号:　　　　取样日期:　　　　测定日期:　　　　测定人:

取样深度/cm	土盒号	盒重/g	湿土+盒重/g	干土+盒重/g	水重(烧失重)/g	干土重/g	土壤含水量/%	平均含水量/%
备注								

2. 乙醇燃烧法

(1) 参照烘干法步骤(1)~(3)取样,并带回室内称重;注意各铝盒取样土样重控制在 10g 左右,且要取样均匀。

(2) 在各铝盒内倒入 95%乙醇 8~12mL,振荡铝盒,便与土壤混合均匀。如土壤很湿要用小刀拌匀成泥浆,再点燃乙醇,在火焰将熄时,用小刀轻轻拨动土壤,帮助它完全燃烧。

（3）再次加入 95%乙醇 3~4mL，进行第二次燃烧，如因土壤黏重，含水量较大，没有烧干，可再加入 2~3mL 95%乙醇，进行第三次燃烧。

（4）铝盒冷却后，立即称出"干土重+盒重"，根据燃烧损失的重量（简称烧失重）按以下公式计算土壤含水量，并将测定结果记入表 3-1。

$$土壤含水率 W(\%) = \frac{烧失重}{干土重} \times 100 = \frac{(湿土重+盒重)-(干土重+盒重)}{(干土重+盒重)-盒重} \times 100$$

3.1.5 实验报告

（1）计算各样点的土壤含水量。
（2）比较不同测定方法间土壤含水量的差异。

3.2 土壤透水性的测定

3.2.1 实验目的

（1）理解土壤透水性、土壤渗透、渗透速度等概念及其内涵。
（2）熟练掌握土壤透水性的测定方法与计算方法。

3.2.2 实验原理

土壤把上层水迅速地传导到下层的能力，称为土壤透水性。土壤透水性通常用土壤中水分的渗透速度来表示，即用单位时间内渗透的水层厚度来反映，土壤透水性决定于土壤中孔隙（特别是大孔隙）的数量。因此凡是影响孔隙的因素，如土壤质地、土壤构造和土壤结构，特别是土壤中腐殖质的数量、盐分含量、含水量以及温度等都对透水性产生影响，土壤透水性的好坏对土壤吸水保肥性能的强弱有很大影响。土壤结构良好，腐殖质含量丰富，则土壤的透水性强，而在暴雨的情况下，雨水几乎完全进入土壤内，并在其中贮存起来，同时会把大量的地表径流变成在土壤内缓慢流动的土内径流，这样就不会造成在汛期沟谷的河水发生猛涨猛落现象，而在渗透性不好的情况下，水分就沿地表流动，故土壤透水性是土壤物理性质的重要指标。

透水性是由两个数值来决定的：透过土壤的水量和水分通过该土层时所需要的时间。水分在土壤孔隙中的运动，可分两个阶段：渗吸和渗透，所谓渗吸就是土壤孔隙在含水量不饱和时吸收外来水分的现象，当土壤空隙完全被水充满时，仅产生多余重力水的下渗，称为渗透。

3.2.3 实验仪器

双环渗透筒、钢尺（米尺）、温度计、量筒、秒表、玻璃棒或刮刀、塑料筒。

3.2.4 实验步骤

（1）在已选择好的不同林分标准地上和空旷地对照区内进行测定，测定应按土壤发生层次分别进行，测定时应尽量维持各层原始结构，将双环渗透筒的内筒和外筒，以均匀之压力插入欲测土层内15～20cm，内筒应插于外筒内中央位置（图3-1）。如土层干硬，不易插入时，可在渗透筒上面横垫一片木板用重物轻轻垂打。渗透筒插入土层后，再将内筒内部贴筒壁由于重物敲击所造成的裂隙轻轻捣实，以防内筒的水沿裂隙流入外筒。

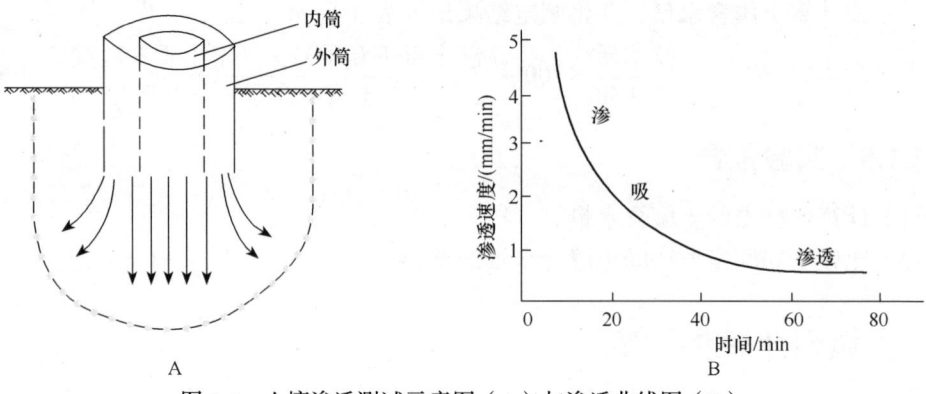

图 3-1 土壤渗透测试示意图（A）与渗透曲线图（B）

（2）在筒内、外各插入一小米尺，以便观察水层的厚度，一切准备工作完成后，即可开始灌水，但灌水前须计算好所需水量（水层厚度均应保持为2cm），因为从一开始，水就向土壤内渗入，为了使灌入的水不致冲刷表层土壤，不应将水直接倒在土面上，而应在内外筒灌水处用玻璃棒或刮刀（甚至杂草或蒿秆）保护之，外筒内亦应先灌水，在灌水过程中，也应总是保持2cm水头。

（3）当内筒灌水时，应立即开始计时，当水头下降0.5cm时，计算它所需时间，然后迅速开始第二次灌水，加水至原来2cm的高度处，加入水量应记下，然后每下降0.5cm观测一次，但水头要始终保持2cm高，每观测一次都要将加注水量、时间、下降深度记入表格内。外筒也要经常加水保持2cm的深度，但不必计算加水量。

（4）试验到有连续3次单位时间的渗水量相等时，也就是每次加入水量相等时停止试验，因为这时已达到稳渗阶段了。一般砂土为4～6h，黏土为6～8h，甚至8～12h，如果透水性很小，则延续12h或24h，总之要等下渗速度在较长时间内保持稳定时，试验方可告结束，最后由原始记录计算出渗吸及渗透速度，将测试结果记入表3-2。

表 3-2 土壤透水性测定记录表

地点：	标准号：	土壤名称：			土壤厚度：			土壤层次：	
时间	开始（min、s）								
	量测时（min、s）								
	间隔（min、s）								
	累计（min、s）								
水位变化情况	开始深度/mm								
	量测时深度/mm								
	下降深度/mm								
	累计下降深度/mm								

续表

渗吸速度	某间隔时间内/(mm/min)								
	累计时间内平均/(mm/min)								
渗透速度/(mm/min)									
备注									

3.2.5 数据整理与分析

$$渗入水总量（Q）=\frac{Q_1+Q_2+\cdots+Q_n}{S}(mm)$$

式中：Q_1，Q_2，…，Q_n 为每次灌入水量（mL）；S 为渗透筒横断面面积（cm^2）。

$$渗透速度（V）=\frac{Q_n\times 10}{t_n\times S}(mm/min)$$

式中：Q_n 为某间隔时间内土壤吸水的水量，mL；t_n 为相应的间隔时间，min；S 为渗透筒面积，cm^2。

在得到上述渗透速度值以后，为了能更清楚而形象地说明问题，可用坐标纸绘成曲线图，以渗透速度为纵坐标，累计时间为横坐标绘成，如图3-1所示。

图3-1很明确地表示出，在渗吸阶段，土壤水分未曾饱和，因此吸收水量大，而且是不稳定的，即曲线的第一阶段，但随着水分的继续下渗，土体逐渐饱和，而进入了渗透阶段，入渗水量在相同时间内几乎不变，而近似常数，即曲线的第二阶段。

3.2.6 实验报告

（1）测定土壤透水性，并绘制土壤渗透曲线。

（2）讨论土壤透水性测定的影响因素。

附：土壤渗透性测定的另一种方法——单环定量加水法。

实验步骤如下（注：所需仪器工具有土铲、单环渗透筒、量筒、温度计、水桶、滤纸）。

（1）选择样地，扒走枯落物层，整平地面（山地要整一小平台）。按土壤发生层次分别进行测定。

（2）把渗透筒垂直插入土中至下部刻度线（入土深度1cm左右）

（3）用量筒盛水（记录水温）100mL缓缓倒入渗透筒内（同时开始计时)，等水全部渗入土中，记录此刻时间。

（4）马上再倒入100mL水，重复步骤（3）的操作，重复3次，倒水共4次，渗水量共计400mL。

（5）移走渗透筒，沿渗透筒中部挖一垂直剖面，观测记录土壤中渗透锋面的深度。

（6）渗透速度及渗透系数的计算：

A. 渗透速度（V）

$$V_i=\frac{10\times q_i}{S\times t_i}$$

$$V=\frac{10\times q}{S\times t}$$

式中：V_i、q_i、t_i 分别为每次重复测定的渗透速度、渗水量及渗透时间。V、q、t 分别为 4 次重复测定的平均渗透速度、总渗水量和渗透总时间。S 为渗透筒断面面积。

B. 渗透系数（K）

$$K_T = h/t$$

$$K_{10}=\frac{K_T}{0.7+0.03T}=\frac{h}{(0.7+0.03T)\,t}$$

式中：K_T 为实地测定（水温 T）的渗透系数，mm/min；K_{10} 为水温为 10℃的渗透系数，mm/min；h 为渗透锋面深度，mm；t 为渗透所用总时间，min；T 为测定所用水的水温，℃。

3.3 几种主要土壤物理性质的测定

3.3.1 实验目的

（1）理解土壤容重、孔隙度的概念、内涵及物理学意义。
（2）熟练掌握土壤容重的测定方法及步骤。
（3）熟练掌握土壤总孔隙度、毛管孔隙度、非毛管孔隙度等的测定方法及步骤。

3.3.2 实验原理

土壤容重、比重和孔隙度是土壤的基本物理性质，通过了解土壤中水、肥、气、热等肥力因子的相互关系，进而了解水土保持林对土壤的改良作用有着重要意义。

土壤容重又称土壤假比重，指在自然结构状况下，单位体积内绝对干土的重量，通常以 g/cm^3 表示，容重可以用来计算土壤孔隙率和空气含量等，容重数值本身就可以作为土壤的肥力指标之一。一般讲土壤容重小，表明土壤比较疏松，孔隙多，反之，土壤容重越大，表明土体紧实，结构性差，孔隙少。一般肥沃的耕作层土壤容重在 1.00～1.20g/cm^3，而紧密未熟化的新土，容重在 1.30～1.50g/cm^3，紧实土壤的容重可达 1.80g/cm^3。

土壤中受毛管力作用，所保持的水分称为土壤毛管水，用测定毛管持水量的方法可以计算出土壤中毛管孔隙的百分比，测定土壤毛管孔隙度与测定毛管水的方法相同。但是必须注意测定毛管水是以干土重为基础，而测定毛管孔隙度是以环刀容积为基础。

3.3.3 实验仪器

铝盒、环刀、铁锹、刮刀、铲子、电子天平、滤纸、剪刀、水槽、记录夹、记录本、铅笔、橡皮、标签等。

3.3.4 实验步骤

1. 土壤容重的测定

由于同一土层土壤容重变化较大，因此测定土壤容重时，必须进行 3 次以上的重复。

(1)量取无缝钢管环刀的高（H）和直径（d），计算其容积（v），并用电子天平称重 a。常用环刀容积为 100cm³。

(2)在标准地内选择适当的地点，挖取土壤剖面，在剖面上划出欲采样的层次界限，依照剖面上划出的水平高度，把土壤上面铲平，环刀由上面向下插入土中，插入时应保持环刀垂直下移，千万不可左右摇动，以保持土壤自然结构。

(3)待环刀全部压入土壤中（即土面与环刀的上口相平），再用小铲将环刀从土中轻轻取出，用小刀仔细切除多余部分，沿环刀边削平。

(4)用滤纸把环刀两端盖住（滤纸的作用是防止土粒从盖子的小孔跑出），将环刀的一端盖上有筛孔的盖子，另一端盖上无孔的盖子（有的可两端均盖上有孔的盖子）。用胶带纸固定好环刀盖，带回室内迅速称重（即环刀加湿土重量）c，由 $c-a=f$（环刀内湿土重）。用环刀于土壤每一层次取土的同时，再用已知重量的小铝盒取 10~20g 土壤（必须也进行 3 次重复），于室内烘干测得这一层次土壤内的土壤含水量（w）。由其含水量计算出整个环刀内绝对干土重。

$$干土重=\frac{f}{w+1}$$

以此计算土壤容重（D）：

$$D=\frac{f}{v(w+1)}(\text{g/cm}^3)$$

土壤容重测定结果记入表 3-3。

表 3-3 土壤容重测定记录（环刀法）

土层深度/cm	重复次数	铝盒编号	铝盒重量/g	铝盒与湿土重/g	铝盒与干土重/g	铝盒中干土重/g	铝盒中含水量/g	土壤含水率/%	平均含水率/%	环刀重量/g	环刀体积/cm³	环刀与湿土重/g	环刀中干土重/g	土壤容重/(g/cm³)
	1													
	2													
	3													

2. 土壤毛管孔隙度的测定

（1）将测定容重用的原土样，把环刀上方的盖子（无孔盖）打开，每一环刀上方铺一滤纸，然后将环刀放在有水源供给的水槽中，水槽内加水至其下盖边缘，使其借毛管作用尽量吸水。2~3h 后环刀上端的滤纸有水分湿润时，土壤中毛管孔隙已吸水接近饱和，取出环刀用滤纸吸干水分，进行称量。

（2）将环刀放回原处，每隔1h取出反复称重，直到恒重。

（3）利用下面的公式计算土壤毛管孔隙度。

$$土壤毛管孔隙度 = \frac{吸水2\sim3h后带土环刀重 - 环刀重 - 环刀内干土重}{环刀容积（\pi r^2 \cdot H）} \times 100\%$$

式中：r 表示环刀的半径，cm；H 表示环刀的高，cm。

3. 土壤总孔隙度的测定

（1）将测定毛管孔隙度的原土样，放入水槽中，使水面高度和环刀上面相平，静置6h 后，将环刀从水槽中取出，稍置10s，使多余水流出，用干布将环刀擦干、称重。

（2）然后再将环刀放回水槽内，放置4~5h后再次重复称重，直到恒重。

$$土壤总孔隙度 = \frac{浸水6h后带土环刀重 - 环刀重 - 环刀内干土重}{环刀容积（\pi r^2 \cdot H）} \times 100\%$$

土壤总孔隙度的测定方法也就是土壤饱和水量的测定方法，土壤饱和水量是土壤重量的百分数，而土壤总孔隙度是土壤体积的百分数。饱和含水量是指土壤中的孔隙全部都充满水分时的含水量，它代表土壤最大的容水能力。

$$土壤饱和含水量（\%）= \frac{浸水6h后带土环刀重 - 环刀重 - 环刀内干土重}{环刀内干土重} \times 100$$

4. 土壤非毛管孔隙度测定

土壤非毛管孔隙度为总孔隙度与毛管孔隙度之差，其计算公式为

$$土壤非毛管孔隙度（\%）= 总孔隙度（\%）- 土壤毛管孔隙度（\%）$$

5. 毛管最大持水量

土壤毛管最大持水量，简称最大持水量，亦称土壤田间持水量，土壤田间持水量是在土壤排除重力水后，保持毛管悬着水的最大数量。其计算公式可用下式表示：

$$土壤毛管最大持水量 = \frac{吸水2\sim3h后带土环刀重 - 环刀重 - 环刀内干土重}{环刀内干土重} \times 100\%$$

6. 自然状态下单位体积土壤中所含水分、空气、固体物质百分数的计算

单位体积原状土壤中，土粒、水分和空气体积间的比即为土壤三相比。由于土壤水分和空气是经常变动的，所以土壤三相比实际上是个依时间而变化的数值。

土壤总孔隙中除了水分占有一部分外，其余均为土壤空气所占据。所以由总孔隙度中减去水分的容积后，即为土壤通气度（空气含量）。

$$土壤含水量（体积\%）= 土壤含水量（重量\%）\times 容重$$

$$空气含量（\%）= 总孔隙度（\%）- 土壤含水量（体积\%）$$

$$固体物质（\%）= 1 - 总孔隙度（\%）$$

根据上述测定和计算的结果，可以绘成不同深度的土壤三相比示意图，从图中可以分析土壤总孔隙度与孔隙中的水分和空气的相互数量关系。

土壤物理性质测定结果记入表 3-4。

表 3-4 土壤物理性质测定记录表

地点：　　　　　　　林分名称：　　　　　　　调查日期：

土层深度/cm	环刀号	环刀容积/cm	环刀重量/g	土壤含水量/%	环刀加湿土重/g	浸水6h后环刀加湿土重/g	吸水2h后环刀加湿土重/g	环刀内干土重/g	土壤容重/(g/cm^3)	土壤孔隙度/%			单位土体内所含物质/%			毛管最大持水量/%
										总孔隙度	非毛管孔隙	毛管孔隙	水	空气	固体物质	

3.3.5 实验报告

（1）记录土壤含水量与容重测定数据，计算不同土壤的水分与土壤容重，并比较其差异。

（2）记录土壤总孔隙度、毛管孔隙度测定数据，计算不同土壤的总孔隙度、毛管孔隙度与非毛管孔隙度，并比较其差异。

（3）计算土壤饱和含水量、毛管最大持水量，并比较其差异。

（4）计算并绘制土壤三相比示意图。

3.4 土壤质地的测定

3.4.1 实验目的

土壤质地是土壤的重要特性，是影响土壤肥力高低、耕性好坏、生产性能优劣的基本因素之一。测定质地的方法有简易手测鉴定法、比重计法和吸管法。本实验介绍比重计法，要求掌握比重计法测定土壤质地的原理、技能，以及根据所测数据计算并确定土壤质地类别的方法。

3.4.2 实验原理

司笃克斯（Stokes）定律在土壤颗粒分析中的应用：土壤颗粒分析的吸管法和比重计法是以司笃克斯定律为基础的，根据司笃克斯定律，球体在介质中沉降的速度与球体半径的平方成正比，与介质的黏滞系数成反比，关系式为

$$V=\frac{2}{9}gr^2\frac{d_1-d_2}{\eta}$$

式中：V 为半径为 r 的颗粒在介质中沉降的速度，cm/s；g 为物体自由落体时的重力加速度，为 981cm/s²；r 为沉降颗粒的半径，cm；d_1 为沉降颗粒的比重，g/cm³；d_2 为介质的比重，g/cm³；η 为介质的黏滞系数，g/（cm·s）。

这是由于小球在广大黏滞液体中作匀速的缓慢运动时，小球所受阻力（摩擦力）（F）：

$$F=6\pi r\eta V（\pi 为圆周率）$$

而球体在介质中作自由落体沉降运动时的重力（F'）是由本身重量（P）与介质浮力即阿基米德力（FA）之差：

$$F'=P-FA=\frac{4}{3}\pi r^3 g d_1-\frac{4}{3}\pi r^3 g d_2=\frac{4}{3}\pi r^3 g（d_1-d_2）$$

当球体在介质中作匀速运动时，球体的重力（F'）等于它所受到的介质黏滞阻力（F），即

$$\frac{4}{3}\pi r^3 g（d_1-d_2）=6\pi r\eta V$$

$$V=\frac{\frac{4}{3}\pi r^3 g（d_1-d_2）}{6\pi r\eta}=\frac{2}{9}gr^2\frac{d_1-d_2}{\eta}$$

又球体作匀速沉降时 $S=Vt$（S 为距离，cm；V 为速度，cm/s；t 为时间，s）。

所以

$$t=\frac{S}{\frac{2}{9}gr^2\frac{d_1-d_2}{\eta}}$$

由上式，可求出不同温度下，不同直径的土壤颗粒在水中沉降一定距离所需的时间。

3.4.3 第一种方法（比重计速测法）

将经化学物理处理而充分分散成单粒状的土粒在悬液中自由沉降，经过不同时间，用甲种比重计（即鲍氏比重计）测定悬液的比重变化，比重计上的读数直接指示出悬浮在比重计所处深度的悬液中土粒含量（从比重计刻度上直接读出每升悬液中所含土粒的重量）。而这部分土粒的半径（或直径）可以根据司笃克斯定律计算，从已知的读数时间（即沉降时间 t）与比重计浮在悬液中所处的有效沉降深度（L）值（土粒实际沉降距离）计算出来，然后绘制颗粒分配曲线，确定土壤质地，而比重计速测法，可按不同温度下土粒沉降时间直接测出所需粒径的土粒含量，方法简便快速，对于一般地了解质地来说，结果还是可靠的。

1. 实验试剂与仪器

（1）试剂。0.5mol/L 氢氧化钠（化学纯）溶液、0.5mol/L 乙二酸钠（化学纯）溶液、0.5mol/L 六偏磷酸钠（化学纯）溶液，这三种溶液因土壤 pH 不同而选一种，异戊醇（化学纯）、2%碳酸钠（化学纯）溶液、软水（软水制备是将 200mL 2%碳酸钠加入 1500mL 自来水中，待静置一夜，澄清后，上部清液即为软水）。2%碳酸钠的用量随自来水硬化度的加大而增加。

（2）仪器。甲种比重计（即鲍氏比重计）：刻度范围 0～60，最小刻度单位 1.0g/L，使用前应进行校正。洗筛：孔径为 0.1mm、筛子直径为 5cm 的小铜筛。土壤筛：孔径为 3.1mm、0.5mm、0.25mm。搅拌棒、带橡皮头的玻棒、沉降筒（1000mL）、量筒（100mL）、三角瓶（500mL）、漏斗（直径 7cm，4cm）、洗瓶、普通烧杯、滴管等。电热板、计时钟、温度计（±0.1℃）、烘箱（5～200℃）、天平（感量 0.0001g 和 0.01g 两种）、铝盒等。

2. 操作步骤

（1）称样。称取通过 1mm 筛孔的风干土样 50g（精确到 0.01g），置于 500mL 三角瓶中，加蒸馏水或软水湿润样品，另称 10g（精确到 0.0001g）土样置于铝盒内，在烘箱（105℃）中烘至恒重（约 6h），冷却称重，计算吸湿水含量和烘干土重。

（2）样品分散。石灰性土壤（50g 样品）加 0.5mol/L 六偏磷酸钠 60mL，中性土壤（50g 样品）加 0.5mol/L 乙二酸钠 20mL，酸性土壤（50g 样品）加 0.5mol/L 氢氧化钠 40mL，然后，常用煮沸法对样品进行物理分散处理，即在已加分散剂的盛有样品的 500mL 三角瓶中，再加入蒸馏水或软水，使三角瓶内土液体积约达 250mL，盖上塞子，摇动三角瓶，然后放在电热板上加热煮沸，在煮沸前应经常摇动三角瓶，以防土粒沉积瓶底结成硬块或烧焦，煮沸后保持沸腾 1h。

（3）制备悬液。将筛孔直径为 0.1mm 的小铜筛放在漏斗上，一起搁在 1000mL 沉降筒上，将冷却的三角瓶中悬液通过 0.1mm 筛子，用带橡皮头玻棒轻轻洗擦筛上颗粒，并用蒸馏水或软水冲洗至＜0.1mm 的土粒全部进入沉降筒，筛下流出清液为止，但洗入沉降筒的悬液量不能超过 1000mL。

将留在小铜筛上的＞0.1mm 砾砂粒移入铝盒内，倾去上部清液，烘干称重并计算百分数，用 1mm、0.5mm、0.25mm 孔径筛分，1～3mm、0.5～1mm、0.25～0.5mm、0.1～0.25mm 砾石或砂粒分别称重并计算百分数。

将盛有土液的沉降筒用蒸馏水或软水定容至 1000mL，放置于温度变化小的室内平放桌面上，排列整齐，编号填入记录表，并准备比重计、秒表（或闹钟），温度计（±0.1℃）等。

（4）测定悬液比重。将盛有悬液的沉降筒置于昼夜温度变化较小的平稳试验桌面上，测定悬液温度，用搅拌棒搅拌悬液 1min（上下各约 30 次），记录开始时间，按表 3-5 中所列温度时间和粒径的关系，根据所测液温和待测的粒级最大直径值，选定测比重计度数的时间，提前将比重计轻轻放入悬液中，到了选定时间即测记比重计读数，将读数进行必要的校正后即代表直径小于所选定的毫米数的颗粒累积含量，按照上述步骤，就可分别测出＜0.05mm、＜0.01mm、＜0.001mm 等各级土粒的比重计读数。

表 3-5　小于某粒径颗粒沉降时间表（比重计速测用）

温度/℃	<0.05mm 时	分	秒	<0.01mm 时	分	秒	<0.005mm 时	分	秒	<0.001mm 时	分	秒
4		1	32		43		2	55			48	
5		1	30		42		2	50			48	
6		1	25		40		2	50			48	
7		1	23		38		2	45			48	
8		1	20		37		2	40			48	
9		1	18		36		2	30			48	
10		1	18		35		2	25			48	
11		1	15		34		2	25			48	
12		1	12		33		2	20			48	
13		1	10		32		2	15			48	
14		1	10		31		2	15			48	
15		1	18		30		2	15			48	
16		1	6		29		2	5			48	
17		1	5		28		2	0			48	
18		1	2		27	30	1	55			48	
19		1	0		27		1	55			48	
20			58		26		1	50			48	
21			56		26		1	50			48	
22			55		25		1	50			48	
23			54		24	30	1	45			48	
24			54		24		1	45			48	
25			53		23	30	1	40			48	
26			51		23		1	35			48	
27			50		22		1	30			48	
28			48		21	30	1	30			48	
29			46		21		1	30			48	
30			45		20		1	28			48	
31			45		19	30	1	25			48	
32			45		19		1	25			48	
33			44		19		1	20			48	
34			44		18	30	1	20			48	
35			42		18		1	20			48	
36			42		17		1	15			48	
37			40		17	30	1	15			48	
38			38		17	30	1	15			48	

3. 数据整理与分析

（1）将风干土样重换算成烘干样品重：

$$烘干土样重 = \frac{风干土样重}{吸湿水（\%）+100} \times 100$$

（2）对比重计读数进行必要的校正：

$$校正值 = 分散剂校正值 + 温度校正值$$

其中：①分散剂校正值＝加入分散剂的毫升数×分散剂的当量浓度×分散剂毫克当量重量×10^{-3}（g/L）；②温度校正值查表 3-6。校正后读数＝原读数－校正值。

表 3-6　甲种比重计温度校正表

温度/℃	校正值	温度/℃	校正值	温度/℃	校正值	温度/℃	校正值
6.0～8.5	－2.2	16.5	－0.9	22.5	＋0.8	28.5	＋3.1
9.0～9.5	－2.1	17.0	－0.8	23.0	＋0.9	29.0	＋3.1
10.0～10.5	－2.0	17.0	－0.7	23.5	＋1.1	29.5	＋3.5
11.0	－1.9	18.0	－0.5	24.0	＋1.3	30.0	＋3.7
11.5～12.0	－1.8	18.5	－0.4	24.5	＋1.5	30.5	＋3.8
12.0	－1.7	19.0	－0.3	25.0	＋1.7	31.0	＋4.0
13.0	－1.6	19.5	－0.1	25.5	＋1.9	31.5	＋4.2
13.5	－1.5	20.0	0	26.0	＋2.1	32.0	＋4.6
14.0～14.5	－1.4	20.5	＋0.15	26.5	＋2.2	32.5	＋4.9
15.0	－1.2	21.0	＋0.3	27.0	＋2.5	33.0	＋5.2
15.0	－1.1	21.5	＋0.45	27.5	＋2.6	33.5	＋5.5
16.0	－1.0	22.0	＋0.6	28.0	＋2.9	34.0	＋5.8

（3）小于某粒径土粒含量（%）＝$\dfrac{校正后读数}{烘干样品重} \times 100$

（4）大于0.1mm粒径土粒含量（%）＝$\dfrac{>0.1mm颗粒烘干重}{烘干样品重} \times 100$

（5）将相邻两粒径的土粒含量百分数相减，即为该两粒径范围的粒级百分含量。

3.4.4　第二种方法（吸管法）

1. 实验试剂与仪器

可参考第一种方法"比重计速测法"。

2. 实验步骤

（1）称样：称样 20.00g（两份）测定吸湿水和制备悬液。

（2）悬液的制备：将样品放入高脚烧杯中，分次加入 10mL 0.5mol/L 的氢氧化钠，用皮头玻棒碾磨搅拌 10min，加软水至 250mL，盖上小漏斗，于电热板上煮沸，煮沸后保持 1h（间断搅拌），使样品充分分散，使样品冷却，通过 0.25mm 孔径筛洗入沉降筒中。

（3）样品悬液吸取：定容至 1000mL。

（4）测量温度：查表 3-7 深度 10cm 或 5cm 时所需要的时间。记录开始时间和各级吸取时间（0.05mm 和 0.002mm 两级）。

表 3-7 土壤颗粒分析各级粒级吸取时间表

悬液温度/℃	粒级及深度	<0.05mm 吸取深度 10cm	<0.002mm 吸取深度 10cm	<0.002mm 吸取深度 5cm
16		49s	8h49min02s	4h24min31s
17		48s	8h21min27s	4h10min43s
18		47s	8h08min53s	4h04min27s
19		46s	7h56min48s	3h58min24s
20		45s	7h44min16s	3h52min08s
21		44s	7h34min04s	3h47min02s
22		43s	7h23min53s	3h41min57s
23		42s	7h13min13s	3h36min36s
24		41s	7h03min02s	3h31min31s
25		40s	6h52min50s	3h26min25s
26		39s	6h44min02s	3h22min01s
27		38s	6h35min42s	3h17min51s
28		37s	6h26min53s	3h13min27s
29		36s	6h18min33s	3h09min17s
30		36s	6h09min45s	3h04min53s

（5）搅拌均匀，静止到规定的时间。

（6）在吸取前，将吸管放于规定深度处，按所需时间提前 10s 开始吸，吸取 25mL 时间控制在 20s。将吸取的悬液全部移入已知重量的烧杯中，并洗干净。

（7）将盛有悬液的小烧杯放在电热板上蒸干，然后放入烘箱，在 105～110℃下烘 6h 至恒重，取出置于真空干燥器内，冷却 20min 后称重。

3. 数据整理与分析

小于某粒级颗粒含量百分数（$X\%$）的计算：

$$X(\%) = \frac{G_V \times 1000}{样品烘干重 \times 吸管容积} \times 100$$

式中：G_V 为风干土样的重量，g。

3.4.5 第三种方法[土壤质地手测法（适用于野外）]

1. 实验原理

根据各粒级颗粒具有不同的可塑性和黏结性估测土壤质地类型。砂粒粗糙，无黏结性和可塑性；粉粒光滑如粉，黏结性与可塑性微弱；黏粒细腻，表现较强的黏结性和可塑性。不同质地的土壤，各粒级颗粒的含量不同，表现出粗细程度与黏结性和可塑性的差异。本次实验，主要学习湿测法，就是在土壤湿润的情况下进行质地测定。

2. 实验步骤

置少量（约2g）土样于手中，加水湿润，同时充分搓揉，使土壤吸水均匀（即加水于土样刚好不粘手为止）。然后按表3-8规格确定质地类型。

表3-8 田间土壤质地鉴定规格

质地名称	土壤干燥状态	干土用手研磨时的感觉	湿润土用手指搓捏时的成形性	放大镜或肉眼观察
砂土	散碎	几乎全是砂粒，极粗糙	不成细条，亦不成球，搓时土粒自散于手中	主要为砂粒
砂壤土	疏松	砂粒占优势，有少许粉粒	能成土球，不能成条（破碎为大小不同的碎段）	砂粒为主，杂有粉粒
轻壤土	稍紧易压碎	粗细不一的粉末，粗的较多，粗糙	略有可塑性，可搓成粗3mm的小土条，但水平拿起易碎断	主要为粉粒
中壤土	紧密、用力方可压碎	粗细不一的粉末，稍感粗糙	有可塑性，可成3mm的小土条，但弯曲成2~3cm小圈时出现裂纹	主要为粉粒
重壤土	更紧密，用手不能压碎	粗细不一的粉末，细的较多，略有粗糙感	可塑性明显，可搓成1~2mm的小土条，能弯曲成直径2cm的小圈而无裂纹，压扁时有裂纹	主要为粉粒，杂有黏粒
黏土	很紧密不易敲碎	细而均一的粉末，有滑感	可塑性、黏结性均强，搓成1~2mm的土条，弯成的小圆圈压扁时无裂纹	主要为黏粒

3.5 土壤团聚体组成的测定

3.5.1 实验目的

土壤的结构状况是鉴定土壤肥力的指标之一，它对土壤中水分、空气、养分、温度状况，以及土壤的耕作栽培都有一定的调节作用，具有一定的生产意义，土壤结构性状通常是由测定土壤团聚体来鉴别的。

3.5.2 实验原理

本实验介绍人工筛分法，此法分两部分，先对风干样品进行干筛，以确定干筛样品中各级团聚体的含量，然后在水中进行湿筛，确定水稳性团聚体的数量。

实验仪器：

（1）沉降筒（1000mL）；水桶（直径33cm，高43cm）。

（2）土壤筛一套（直径20cm，高5cm），并附有铁夹子若干。

（3）天平（感量0.01g）、铝盒、烘箱、电热板、干燥器等。

3.5.3 实验步骤

1. 样品的采集和处理

田间采样要注意土壤不宜过干或过湿，最好在土不粘锹、经接触而不易变形时采取，采样要有代表性，采样深度看需要而定，一般耕作层分两层采取，要注意不使土块受挤压，以尽量保持原来结构状态，最好采取一整块土壤，削去土块表面直接与土锹接触而已变形的部分，均匀地取内部未变形的土样（约 2kg），置于封闭的木盘或白铁盒内，带回室内。

在室内，将土块沿自然结构轻轻地剥成直径 10～12mm 的小样块，弃去粗根和小石块，剥样时应避免土壤受机械压力而变形，然后将样品放置风干 2～3 天，至样品变干为止。

2. 操作步骤

（1）干筛。将剥样风干后的小样块，通过孔径顺次为 10mm、7mm、5mm、3mm、2mm、1mm、0.5mm、0.25mm 的筛组进行干筛，筛完后，将各级筛子上的样品分别称重（精确到 0.01g），计算各级干筛团聚体的百分含量和＜0.25mm 的团聚体的百分含量，记载于分析结果表 3-9 内。

表 3-9　土壤团聚体分析结果表

样品编号	各级团聚体含量百分数/%															
	＞10mm		10～7mm		7～5mm		5～3mm		3～2mm		2～1mm		1～0.5mm		0.5～0.25mm		＜0.25mm	
	干筛	湿筛	干筛	湿筛	干筛	湿筛	干筛	湿筛	干筛	湿筛	干筛	湿筛	干筛	湿筛	干筛	湿筛	干筛	湿筛

（2）湿筛。

A. 根据干筛法求得的各级团聚体的百分含量，把干筛分取的风干样品按比例配成 50g（不把＜0.25mm 的团聚体倒入湿筛样品内，以防在湿筛时堵塞筛孔，但在计算中都需计算这一数值）。

B. 将上述按比例配好的 50g 样品倾入 1000mL 沉降筒中，沿筒壁徐徐加水，使水由下部逐渐湿润至表层，直至全部土样达到水分饱和状态，让样品在水中共浸泡 10min。这样，逐渐排除土壤中团聚体内部以及团聚体间的全部空气，以免封闭空气破坏团聚体。

C. 样品达到水分饱和后，用水沿沉降筒壁灌满，并用橡皮塞塞住筒口，数秒钟内把沉降筒颠倒过来，直至筒中样品完全沉下去，然后再把沉降筒倒转过来，至样品全部沉到筒底，这样重复倒转 10 次。

D. 将一套孔径为 5mm、3mm、2mm、1mm、0.5mm、0.25mm 的筛子，用白铁（或其他金属）薄板夹住，放入盛有水的木桶中，桶内的水层应该比上面筛子的边缘高出 8～110cm。

E. 将塞好的沉降筒倒置于水桶内的一套筛子上，拔去塞子，并将沉降筒在筛上（不接触筛底）的水中缓缓移动，使团粒均匀分散落在筛子上，当大于 0.25mm 的团聚体全部沉到筛子上后，即经过 50～60s 后塞上塞子，取出沉降筒。

F. 将筛组在水中慢慢提起（提起时勿使样品露出水面）然后迅速下降，距离为 3～

4cm，静候 2～3min，直至上升的团聚体沉到筛底为止，如此上下重复 10 次，然后，取出上面两个筛子，再将下面的筛子如前上下重复 5 次，以洗净其中各筛的水稳性团聚体，最后，从水中取出筛子。

G. 将筛组分开，留在各级筛子上的样品，用水洗入铝盒中，倾去上部清液，烘干称重（精确到 0.01g），即为各级水稳性团聚体重量，然后计算各级团聚体含量百分数。登记于分析结果表。

3.5.4 数据整理与分析

（1）各级团聚体含量(%) $= \dfrac{\text{各级团聚体的烘干重(g)}}{\text{烘干样品重(g)}} \times 100$

（2）各级团聚体(%)的总和为总团聚体(%)。

（3）各级团聚体占总团聚体的(%) $= \dfrac{\text{各级团聚体(%)}}{\text{总团聚体的(%)}} \times 100$

（4）总团聚体占土样(%) $= \dfrac{\text{团聚体的烘干重(g)}}{\text{烘干样品重(g)}} \times 100$

（5）必须进行 2～3 次平行试验，平行绝对误差应不超过 3%～4%。

注：土壤中＞0.25mm 的颗粒（粗砂、石砾等）影响团聚体分析结果，应从各粒级重量中减去。

附：有时为了方便，快速的测定水稳性和非水稳性团粒的数量也可用下法。取 9 个直径为 150mm 的培养皿（内垫同样大小的滤纸）顺序排列，贴上标签，分别将已过干筛的各级团聚体，各任选 50 粒，放于皿中的滤纸上，用皮头滴管加水（加水时要特别注意适量），直到滤纸上出现亮水膜为止。开始记下时间，20min 后，计算破碎的土粒占所放土粒的百分数，此数即为非水稳性团聚体的含量。将其乘以原来干筛后计算出的该粒级含量，则得实际非水稳性团聚体含量。

将各级团聚体的总含量减去各级实际非水稳性团聚体含量即为各该级水稳性团聚体含量。

3.6 不同粒径沙粒休止角测定

3.6.1 实验目的

维持坡面物质稳定的力主要由四个方面组成：一是组成坡面物质的休止角；二是坡面物质间的摩擦阻力；三是坡面物质之间的黏结力；四是穿插在土体中的植物根系的固结作用力。

本实验是在排除（不考虑）后三种作用力的情况下，探讨组成坡面物质的休止角与坡面稳定之间的关系。

3.6.2 实验原理

沙粒的休止角大小受以下三个方面的影响。其一是随其水分含量的变化而发生变化，水分含量升高时，其休止角变小，二者呈现负相关关系；其二是沙粒的休止角受粒径大小的影响，其他条件相同时，沙粒的休止角与其粒径呈现正相关关系；其三是沙粒的休止角受沙粒的影响，其磨圆度较好时，沙粒的休止角较小，反之则较大，即沙粒的休止角与其磨圆度呈现负相关关系。

当组成坡面物质的休止角大于或等于坡面坡度角时，无论坡面有多长，坡面都是处于稳定状态而不会发生重力侵蚀。一般情况下几种岩石碎块和不同含水量泥沙的休止角如表 3-10 和表 3-11 所示。

表 3-10　几种岩石碎块的休止角

岩屑堆的成分	最小休止角/(°)	最大休止角/(°)	平均休止角/(°)
砂岩、页岩（角砾、混有块石的亚砂土）	25	42	35
砂岩（块石、碎石、角砾）	26	40	32
砂岩（块石、碎石）	27	39	33
页岩（角砾、碎石、亚砂土）	36	43	38
石灰岩（碎石、亚砂土）	27	45	34

表 3-11　不同含水量泥沙的休止角

泥沙种类	干时休止角/(°)	湿时休止角/(°)	水分饱和时休止角/(°)
泥	40	25	15
松软沙质黏土	40	27	20
洁净的细沙	40	27	22
紧密的细沙	45	30	25
紧密的中粒沙	45	33	27
松散的细沙	37	30	22
松散的中粒沙	37	33	25
砾石土	37	33	27

3.6.3　实验仪器

厚度为 3.0~5.0mm、面积为 50cm×50cm 的平板玻璃 1 块。分析化学用普通滴定试管架 1 个、玻璃漏斗 1 个、500mL 量筒 1 个、100mL 烧杯 1 个、2.0m 卷钢尺 1 个、记录及计算用具适量（记录纸、铅笔、计算器等）。

3.6.4　实验步骤

（1）将从野外采集的沙粒手工拣去石块，用标准土壤筛筛选得到一定粒径范围的分级沙粒，粒径组分别为 1.00~2.00mm、0.50~1.00mm、0.25~0.50mm、0.10~0.25mm 和 0.074~0.10mm，筛分后每个粒径组的泥沙重量至少为 5.0kg。

（2）将筛分后沙粒用清水洗掉黏附在沙粒表面的黏土，以消除实验中黏土导致的黏结力。

（3）将洗净的每种粒径的沙粒分别放于干燥地表风干，收于小桶内备用。

（4）将平板玻璃水平放在实验台上，滴定试管架安放于平板玻璃一侧，将漏斗置于试管架，并使玻璃漏斗的下端与平板玻璃的垂直距离保持在2.0cm左右。

（5）从安置好的漏斗上部，将备好的风干沙粒（一定粒径范围内的）徐徐放下，同时进行观察。就会发现平板玻璃上的沙堆角度不断发生变化，即沙堆的半径与其高度不是成比例变化的。

（6）在从漏斗上部不断补充沙粒的时候，应随时将安置漏斗的试管架横梁逐渐上移，以保持漏斗下部与沙堆顶部距离始终不小于1.0cm。一边逐渐上移试管架横梁，一边继续向漏斗内加注沙粒，直至沙堆的半径与其高度比值不再发生变化，即沙堆的坡度不再发生改变为止。此时所观测到的沙堆坡度即为该粒径沙粒风干时的休止角。

（7）观测到风干沙粒的休止角后，从漏斗上部徐徐滴入清水，就会发现原沙堆的高度逐渐降低，而其直径在不断增大，即沙堆的坡面角度在逐渐减小。再徐徐滴水并随时记录沙粒含水量与沙堆坡面角度的变化过程。继续滴水直至有水流从沙堆底部渗出为止，即沙堆水分含量近于饱和状态。此时沙堆的休止角为水分饱和时的休止角。

3.6.5　数据整理与分析

列表计算风干沙粒数量与沙堆坡面角度的变化过程，直至测定计算到风干沙粒的休止角为止。

列表计算沙堆含水量与不同含水量时的休止角变化过程，直至沙堆水分达到饱和时为止。

3.6.6　实验报告

将实验过程中观测到的现象进行描写，并分析所有数据，得到特定粒径沙粒不同含水量时的休止角。

3.7　土壤可蚀性测定

3.7.1　实验目的

深入研究土壤可蚀性对进一步发展和完善土壤侵蚀学科，以及对我国土壤可蚀性研究向规范性和系统性发展都具有重要的意义。土壤可蚀性研究是土壤侵蚀预报模型建立的基础，同时，用土壤可蚀性指标可以间接地预测土壤侵蚀的严重程度和侵蚀量，进行土壤侵蚀的现状分析和未来预测，为政府和水土保持职能部门在制定政策和规划方面提供科学依据，为水土保持和生态建设提供基础资料。本实验主要介绍怎样运用诺谟公式对土壤可蚀性因子K值进行估算，从而确定区域土壤的可蚀性状况，具体的估算方法、计算步骤和有关参数的确定都有详细的介绍。要求掌握土壤可蚀性因子 K 值的估算方法，同时注意诺谟公式区域适应性。

3.7.2 实验原理

所谓土壤可蚀性因子 K 值的估算，就是利用容易获得的数据资料，给出特定土壤可蚀性指标，最直接的方法就是通过分析典型土壤的 K 值与其理化性质的关系，建立起利用土壤理化性质推求土壤可蚀性因子 K 值的关系方程。在已有的研究中应用最广泛的是威斯奇迈尔等建立的土壤可蚀性指数 K 值的估算方法，即诺谟公式，诺谟公式是 1971 年威斯奇迈尔根据实测的 23 种美国主要土壤可蚀性因子的 K 值与土壤性质的相关性，建立的土壤可蚀性 K 值与土壤质地、土壤有机质、土壤结构和土壤渗透性的关系式：

$$K = [2.1 \times 10^{-4} \times (N_1 \cdot N_2)^{1.14} + (12 - O_M) + 3.25(S-2) + 2.5(P-3)]/100$$

式中：N_1 为极细砂（0.05~0.1mm）% + 粉砂（0.002~0.05mm）%，且 N_1 值应小于 70.0%；N_2 为 100% − 黏粒（<0.002mm = %）；O_M 为有机质的百分含量（0~6.0010）；S 为土壤结构等级系数，分为 4 级：极细团粒，细团粒，中等或粗团粒，块状、片状或土块土壤结构；P 为土壤渗透等级系数，分 6 级：快、中快、中等、中慢、慢和极慢。

对于有机质含量小于等于 4.0% 的土壤也可以用诺谟图查取 K 值，诺谟图包括了 5 个土壤参数：粉砂 + 极细砂含量（0.002~0.1mm）、砂粒含量（0.1~2.0mm）、有机质含量、土壤结构等级、土壤渗透等级，具体查算方法见图 3-2 和表 3-12。

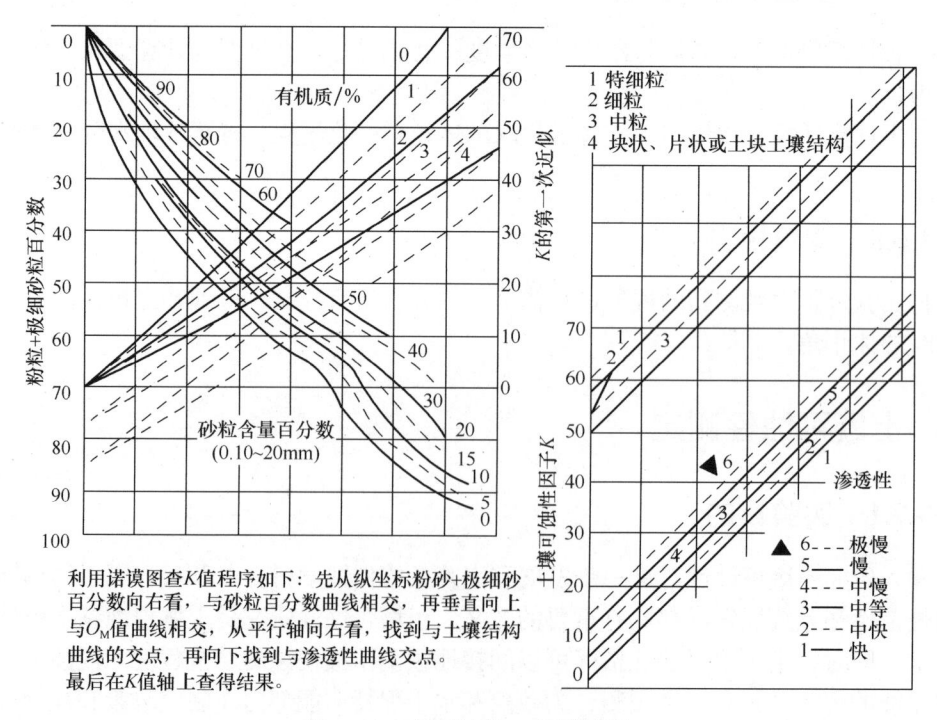

图 3-2 土壤可蚀性 K 值诺谟图

表 3-12　土壤粒级划分标准

单粒直径/mm	中国制	国际制	原苏联制（卡庆斯基）	美国制
3.0	石砾	石砾	石	石砾
2.0	石砾	石砾	砾	石砾
1.0	石砾	石砾	砾	石砾
0.25	粗砂粒 / 砂粒	粗砂粒 / 砂粒	粗、中砂 / 物理性砂粒	砂粒
0.2	细砂粒 / 砂粒	粗砂粒 / 砂粒	细砂 / 物理性砂粒	砂粒
0.05	细砂粒 / 砂粒	细砂粒	细砂 / 物理性砂粒	砂粒
0.02	粗粉粒 / 粉粒	细砂粒	粗粉粒	粉砂
0.01	粗粉粒 / 粉粒	粉粒	粗粉粒	粉砂
0.005	细粉粒	粉粒	中粉粒	粉砂
0.002	粗黏粒	粉粒	细粉粒	黏粒
0.001	粗黏粒	黏粒	物理性黏粒	黏粒
0	黏粒	黏粒	黏粒	黏粒

由于诺谟公式和诺谟图利用的是美国土壤质地，因此，本书研究直接采用美国制粒径分级制，以便使用诺谟公式或查诺谟图，诺谟公式和诺谟图是一种成熟而有效的估算土壤可蚀性 K 值的方法，依据诺谟公式和诺谟图查算土壤可蚀性 K 值时，需要利用土壤质地资料。

3.7.3　实验仪器

如果需要测定土壤质地、土壤有机质、土壤结构和土壤渗透性，则需要相应实验的器材，主要有比重计、洗筛、土壤筛、沉降筒、三角瓶、天平、烘箱、铝盒、消煮炉、滴定管、渗透筒、直尺、秒表等。

3.7.4　实验步骤

1. 土壤结构参数 N_1、N_2

土壤机械组成的测定采用吸管法，将采集样品带回室内风干，同时去除有机质，待风干后，用研钵磨细，过 2.0mm 筛，称量出土壤中的砾石含量，弃去砾石。按照美国制粒径分级体制查表 3-12，通过吸管法得到黏粒（<0.002mm）、粉砂（0.002~0.05mm）、极细砂（0.05~0.1mm）、砂粒（0.10~2.0mm）4 种粒径百分含量。

2. 有机质含量 O_M

采用丘林容量法测定。

3. 土壤结构等级系数 S

用土壤团粒含量来确定土壤结构等级系数，土壤团粒含量采用沙维洛夫干筛法测定，水稳性团粒含量采用沙维洛夫湿筛法测定，用测得的团粒粒级分布查威斯奇迈尔编写的土壤调查手册获取具体参数值 S，查表 3-13。

表 3-13 土壤结构等级

土壤结构	团粒粒径大小/mm	结构等级系数
极细的团粒	<1.0	1
细团粒	1.0~2.0	2
中等或粗团粒	2.0~10.0	3
块状或片状	>10.0	4

注：资料源于《土壤调查手册》（美国农业部，1937）

4. 土壤渗透等级系数 P

土壤渗透等级定义为土壤潮湿条件下通过最受限制层传输水分和空气的能力，土壤剖面渗透率的分级是根据最小饱和水力传导率的大小划分的，根据上述用吸管法测得的土壤机械组成，黏粒、粉粒和砂粒 3 个指标值查美国农业部土壤质地三角图（图 3-3），可获得实验小区土壤质地，再用得到的土壤质地查威斯奇迈尔编写的土壤调查手册获取具体参数值 P，查表 3-14。

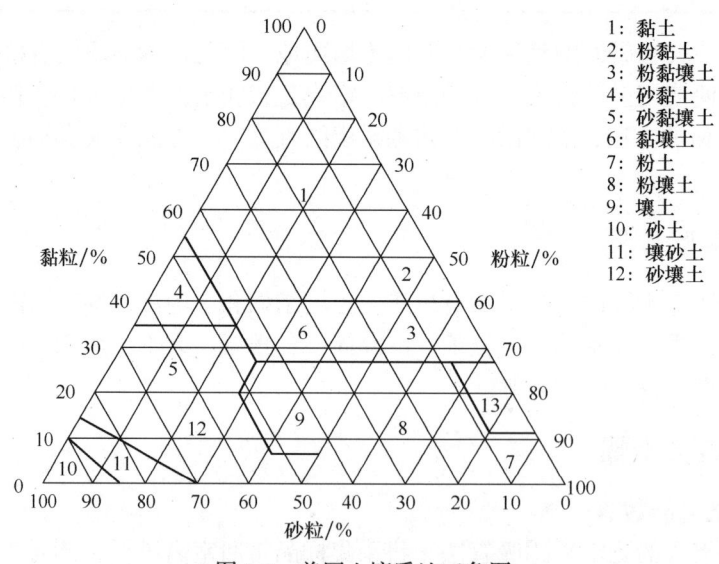

1：黏土
2：粉黏土
3：粉黏壤土
4：砂黏土
5：砂黏壤土
6：黏壤土
7：粉土
8：粉壤土
9：壤土
10：砂土
11：壤砂土
12：砂壤土

图 3-3 美国土壤质地三角图

表 3-14 主要土类的土壤水力学特性

土壤质地（美国）	渗透等级系数 P	渗透速度	饱和导水系数/(cm/h)
粉黏土、黏土	6	极慢	<0.10
粉黏壤土、黏壤土	5	慢	0.10~0.20
砂黏壤土、黏壤土	4	中慢	0.20~0.51
壤土、粉壤土	3	中等	0.51~2.03

土壤质地（美国）	渗透等级系数 P	渗透速度	饱和导水系数/(cm/h)
壤砂土、砂壤土	2	中快	2.03~6.10
砂土	1	快	>6.10

注：资料源于《土壤调查手册》（美国农业部，1937）

3.7.5 数据整理与分析

在确定了各种土壤参数获取方法及其数值的基础上，运用诺谟公式就可估算土壤的可蚀性因子 K 值。

【注意事项】

诺谟公式是用美国实测资料求得的，而在不同地区，土壤性质和自然条件等方面是有差异的。所以，在诺谟公式应用过程中人们逐渐发现，应该根据不同地区的降雨、地形、植被等自然地理条件，使用当地的实测资料对该方程式进行修正和检验。

3.8 土壤抗蚀性测定

3.8.1 实验目的

理解土壤抗蚀性测定的原理，掌握抗蚀性的测定步骤和基本方法。土壤抗蚀性测定实验主要运用土壤静水崩解法来进行，通过土壤崩解速率大小，反映土壤颗粒结构对水力浸润解体的性质或被雨水分散解体的难易程度，最终确定土壤的抗蚀性状况。具体的实验原理与方法文中作详细介绍，实验过程中注意土体崩解过程的描述。

3.8.2 实验原理

土壤的抗蚀性指土壤对由流水和风等侵蚀营力导致的机械破坏作用的抵抗能力，包括由于流水击溅而导致的分散和悬移、由于流水冲刷和风的吹扬造成的位移、在这些营力作用下本身的解体等。表征土壤抗蚀性的方法和指标不少，基本上可以分为两类：第一类是直接采用土壤的某些物理化学性质，如颗粒粒径的大小及其组成情况、土壤密度、有机质含量及与其相联系的土壤水稳性团粒结构；第二类是采用土壤在各种外力作用下的变化和反应，如土壤在静水中的崩解，在外力作用下的流限、塑限、剪切强度和贯入深度，在水滴打击下被击溅情况等，这两者之间是有关联的，后一类变化又受控制于前一类土壤的固有特性。本实验采用土壤静水崩解法。土壤崩解反映土壤颗粒结构对水力浸润解体的性质或反映土壤结构体被雨水分散解体的难易程度。土壤崩解速率是指土样在浸水后单位时间内崩解掉的试样体积，它反映土壤在水中发生分散的能力，决定该径流携带松散物质的多少，土壤崩解能力大，即土壤崩解速率大，土壤抗蚀性差。

3.8.3 实验仪器

（1）浮筒：直径约 30mm、高约 200mm 的圆筒体，浮筒高与筒体直径有关，高度与能浮起试验土体而不下沉至水下为准。

（2）网板架：10cm×10cm，内为金属方格网（5cm×5cm），孔眼为 1cm²，可挂在浮筒的下端。

（3）透明玻璃水槽：长方体，长 30cm、宽 15cm、高 70cm。

（4）崩解取样器：方形环刀，内边净长为 5cm，为扣状，扣深 5mm，厚 1.5mm。

（5）其他设备：秒表、切土刀、铁锤、小铁铲和包装膜。

3.8.4 实验步骤

（1）在试验区按预定要求开挖面积约为 1.0m×1.5m 的试坑，分别在 0cm、20cm 和 40cm 的深度留 3 个呈阶梯状的平面，并用小铁铲将之轻轻整平，保持土壤结构不被破坏。

（2）用崩解取样器分别在各层上采集原状土土样，并用包装膜包好。

（3）崩解实验时先将试样放在网板上，然后将试样悬挂在有刻度的浮筒上，随即将试样放入盛水崩解缸中。

（4）一次土样的崩解观测时间为 30min，崩解过程中分别在 0min、0.5min、1min、2min、3min、4min、5min、7min、10min、15min、20min 和 30min 读取浮筒的读数，当中途土样已全部崩解，则记录下全部崩解时的浮筒读数和相应的时间。

（5）一次实验完成并检查无遗漏后，重复前 4 步骤，再做一次，如果各种实验条件具备，可同时做重复实验。

3.8.5 数据记录及结果分析

（1）土壤崩解速率实验记录表见表 3-15。

表 3-15 土壤崩解速率实验记录表

时间：___年___月___日 天气状况：___ 样点号：___
采样地点：___省___市（县）___镇___村
土壤名称：___类___亚类 土地利用类型：___ 坡度：___
纬度：___N 经度：___E 海拔：___m 土壤容重：___g/cm³

实验剖面	取样深度/cm	项目	崩解时间/min											
			0	0.5	1	2	3	4	5	7	10	15	20	30
1	0~20	读数/cm												
		差值												
		崩解速率												
	20~40	读数/cm												
		差值												
		崩解速率												
	40~60	读数/cm												
		差值												
		崩解速率												

续表

实验剖面	取样深度/cm	项目	崩解时间/min											
			0	0.5	1	2	3	4	5	7	10	15	20	30
2	0~20	读数/cm												
		差值												
		崩解速率												
	20~40	读数/cm												
		差值												
		崩解速率												
	40~60	读数/cm												
		差值												
		崩解速率												

（2）土壤崩解速率公式：

$$B=\frac{S}{r}\frac{l_0-l_t}{t}$$

式中：B 为崩解速率，表示单位时间内崩解掉的原状土土样体积，cm^3/min；S 为浮筒底面积，设备改制后的两个浮桶底面积都为 $30.2cm^2$；r 为各土层的容重，g/cm^3；l_0、l_t 分别为崩解开始（已放土样）初始值和不同时刻的浮桶刻度的终读数，cm；t 为崩解时间，min。

3.9 土壤抗冲性测定

3.9.1 实验目的

理解土壤抗冲性的实验原理，掌握抗冲性的实验步骤和测定方法。本实验主要运用原状土抗冲槽冲刷法来进行，并通过确定土壤抗冲刷系数来反映土壤抵抗径流冲刷破坏的能力。

3.9.2 实验原理

实验用原状土抗冲槽冲刷法，土壤抗冲性就是土壤抵抗水的冲击分散的性能，评价土壤抗冲性指标是土壤抗冲刷系数，定义为每冲刷 1.0g 干土所需的水量和时间乘积，单位为 $L·min/g$，它直观地反映了土壤抵抗径流冲刷破坏的能力大小。

3.9.3 实验仪器

（1）抗冲槽（图 3-4）：长为 1304mm，内宽为 35mm，外宽为 41mm。
（2）坡度架：为一铝合金支架，用以调节抗冲槽坡度，一般可调坡度 5°、15°、25° 和 30°。

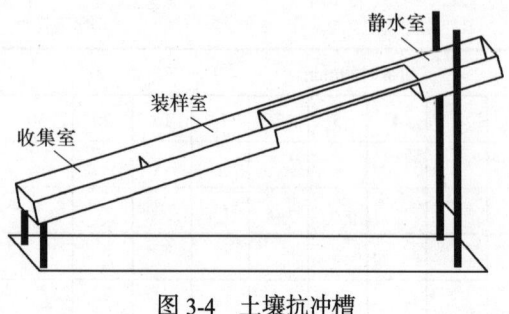

（3）取样长条刀：内宽为 30mm，内边长为 200mm，外宽为 34mm，外边长为 204mm，高为 40mm。

（4）供水桶及其支架：桶内径为 252mm，外径为 253mm，桶高为 1000mm，也可与入渗实验使用同一供水桶，支架高 1000mm。

（5）天平：量程 1000.0g，分度值 0.1g。

（6）其他设备：秒表、小土盒、切土刀、小铁锤、小铁铲、包装膜和 95%以上高浓度乙醇。

图 3-4　土壤抗冲槽

3.9.4　实验步骤

（1）在试验区按预定要求开挖面积为 1.0m×1.5m 的坑，分别在 0cm、20cm、40cm 的深度留 3 个呈阶梯状的平面，并用小铁铲将之轻轻整平，保持土壤结构不被破坏。

（2）将取样器长条刀水平放置并轻轻压于土中，分别在各层上采集原状土土样，并用包装膜包好样品。同时，用小土盒在相同的地点采集适量土样测定含水率，若土壤层干燥过硬可适当洒水使其软化，不可猛打取样刀，以免损坏刀口和破坏土体结构。

（3）用天平及时称出冲前长条刀和湿土重。

（4）用天平及时称出冲前小土盒和湿土重，烘干，再称出小土盒和干土重，计算出冲前土壤含水率。

（5）冲刷实验时，将供水桶放置在木制支架上，抗冲槽坡度调至 5°，并放置好样品，调节流量后开始冲刷，冲刷流量为 0.183L/s，该值为依据供水桶出口、抗冲槽支架和坡度计算出的常数值，并同时开始用秒表记录时间。

（6）冲刷时间是以供水桶中的水用完为标准，待供水桶中水用完后，记录时间，并称出长条刀和剩余湿土重。

（7）用小土盒取适量冲后剩余土样，称重，烘干，再称重，计算冲后剩余土样及其含水量。

（8）为避免剩余土样太少无法计算，规定若取样器长条刀中土样被冲掉约 2/3 而供水桶中的水未用完时，停止实验并记录供水桶中的剩余水量及冲刷时间。

3.9.5　数据整理与分析

（1）土壤抗冲刷系数试验记录表见表 3-16。

（2）土壤抗冲性计算公式：

$$Kc=\frac{Vht}{2k}$$

式中：Kc 为抗冲系数，L·min/g；Vh 为冲后与冲前供水桶的水位差，cm；t 为冲刷时间，min；k 为冲刷掉的土重，g。

表 3-16 土壤抗冲刷系数试验记录表

时间：___年___月___日　天气状况：_____　样点号：_____　采样地点：____省____市（县）____镇____村　土地利用类型：_____

试样剖面	取样深度/cm	取样长条几号	取样长条几重/g	冲前样品重/g 湿重+长条几重	冲前样品重/g 湿土重	冲前样品重/g 干土重	冲后样品重/g 湿重+长条几重	冲后样品重/g 湿土重	冲后样品重/g 干土重	含水量测定 冲前重量/g 土盒编号	含水量测定 冲前重量/g 盒重	含水量测定 冲前重量/g 湿土重量+盒重	含水量测定 冲前重量/g 干土重量+盒重	含水量	含水量测定 冲后重量/g 土盒编号	含水量测定 冲后重量/g 盒重	含水量测定 冲后重量/g 湿土重量+盒重	含水量测定 冲后重量/g 干土重量+盒重	含水量	冲走土壤量	冲刷时间/min	冲前水位/mm	冲后水位/mm	抗冲系数
(1)	(2)	(3)	(4)	(5)	(6)	(7)	(8)	(9)	(10)	(11)	(12)	(13)	(14)	(15)	(16)	(17)	(18)	(19)	(20)	(21)	(22)	(23)	(24)	(25)
计算方法		直接记录	直接称重	直接称重	(5)−(4)	(6)×[1−(15)]	(8)−(4)	(9)× [1−(20)]		直接记录	直接称重	直接称重	直接称重	$\dfrac{(13)-(14)}{(14)-(12)}$	直接记录	直接称重	直接称重	直接称重	$\dfrac{(18)-(19)}{(19)-(17)}$	(7)−(10)	直接记录	直接记录	直接记录	$\dfrac{(23)-(20)\times(22)}{(2)\times(21)}$
1	0~20																							
1	20~40																							
1	40~60																							
2	0~20																							
2	20~40																							
2	40~60																							

土壤名称：____类____亚类　　纬度：____N　经度：____E　海拔：____　坡度：____

3.10 土壤水稳性团粒组成测定

3.10.1 实验目的

土壤中大小不等的结构单位称为团粒，团粒是由相互黏结的砂粒、粉粒、黏粒构成的土壤网块，团粒的大小和形状因土壤不同而有很大差别，通常大于 0.25mm 的团粒，即定义为团聚体。在农业生产上，0.25～10.0mm 的团粒最有意义，这样的团粒能够改善土壤的物理性质、耕性及耕层构造，从而可调节土壤的养分状况，统一水分和空气的矛盾，它是重要的肥力条件之一。但这样大小的团粒，有的能抵抗水的破坏，有的不能抵抗水的破坏，前者称为水稳性结构，后者称为非水稳性结构。水稳性结构能使土壤的良好性状保持较长的时期，土壤水稳性团粒含量是衡量土壤物理性质及抗侵蚀能力的重要指标。

3.10.2 实验原理

测定土壤水稳性团粒的方法很多，如水筛法、渗透法、淋洗法，但其原理基本是相同的，即利用水的冲击力及团粒的水化作用，使非水稳性结构破坏，然后分离出能抵抗这些破坏力的水稳性结构，即约德文法。

3.10.3 实验仪器

孔径分别为 10.0mm、5.0mm、3.0mm、1.0mm、0.5mm 和 0.25mm 的土壤筛一套，感量 0.01g 天平、称量瓶、团粒分析仪（图 3-5）、铝盒、干燥器、喷水壶、洗瓶、土铲、小土壤刀、小刷、乙醇、漏斗及架、电热板和烘箱。

图 3-5 团粒分析仪

3.10.4 实验步骤

1. 样品的采取及处理

样品的采取及处理是整个分析过程中一个十分重要的环节，它包括田间采样和室内剥样两个步骤。

（1）田间采样须注意土壤的湿度，不宜过干或过湿，最好在土壤不黏附工具并经接触不致改变原来形状时采取。土壤过干时，可用喷水壶缓慢浇些水，待水分渗入而土壤稍干时采取，采土块的面积为 10cm×10cm，深度视需要而定，采样时应尽量小心，不使土块挤压，以保持原来的结构为原则。剥去土块外面直接与土铲接触而变形的土块，均匀地取内部土壤约 2kg，放在木盘上运回室内。

（2）室内剥样是将土块剥成 2.0cm³ 大小的土块，除去粗根和小石块，剥样时沿土壤的自然结构而轻轻地用小刀挑开，应尽量避免土块挤压变碎。

（3）先将土样分成三级称重，即>5.0mm、5.0～2.0mm 和<2.0mm，然后用四分法按比例取包括各级团粒（0.25～10.0mm）的风干土样（50.0g）3 份，其中一份测定含

水率。

2. 分析步骤

（1）将套筛按 10.0mm、5.0mm、3.0mm、1.0mm、0.5mm 和 0.25mm 的顺序从上到下，放于振荡架上，并置于水桶中，桶内加水达固定高度，使套筛最上面筛子的上缘部分在任何时候都不会露出水面。

（2）将土样放入套筛内。

（3）开动马达，使套筛在水中上下振动 0.5h。

（4）将振荡架慢慢升起，使套筛离开水面，待水稍干后，用洗瓶轻轻冲洗最上面的筛子，以便将留在筛子上小于 10.0mm 的团聚体洗到下面筛中，冲洗时应注意不要把团聚体冲坏，然后将留在筛上的团聚体洗入铝盒，用同法将各级团聚体洗入铝盒。

（5）倾倒铝盒中的清液，然后放在电热板上蒸干，置 105℃烘箱内，烘干 2h，取出置于干燥器中稍冷，最后称量。

3.10.5　数据记录及结果分析

按下式分别计算各级团聚体百分数：

$$各级团粒 = \frac{各级团粒烘干重}{土样烘干重}$$

【注意事项】

本法须进行两次平行测定，某些情况下则需较多的重复次数，平行误差不超过 3%。

3.11　沙物质粒度测定与分析

3.11.1　实验原理

掌握利用筛析法测定沙物质粒度的方法。

3.11.2　实验原理

沙物质是指能够形成风沙流的所有地表固体碎屑物质。拜格诺曾根据颗粒在空气中的运动方式，给沙物质下了这样的定义：当颗粒的最终沉速小于平均地面风向上漩涡流速时，即为沙物质颗粒粒径的下限，当风的直接压力或其他运动中的颗粒的冲击都不能够移动在地表面的颗粒时，即为沙物质颗粒粒径的上限。在这两个粒径极限之间的任何无黏性固体颗粒都称为沙物质。大量的实验研究结果表明，粒径在 0.01~2mm 的地表固体松散颗粒最容易被风带走，这一粒径范围可称作可蚀径级，而大于或小于这一径级的砂粒一般不易被风吹动。风沙土的砂粒粒径大都在可蚀径级内，它是风沙流的最丰富的物质源，所以通常的沙物质就是指风沙土。筛析法测定沙物质粒度就是利用大小孔径不同的标准土壤筛对沙物质进行分离，通过称量得到各粒组的质量，计算各粒组的相对含量，可确定沙物质的粒度成分。

此外，粒度仪法也是一种快速、简便的分析方法。激光粒度分析仪是根据光的散射原理测量颗粒大小，具有测量动态范围大、测量速度快、操作方便等优点，是一种适用较广的粒度仪。

本实验主要是通过筛析法使学生掌握测定沙物质粒度的方法。

3.11.3 实验仪器

标准土壤筛一套、电子天平、研钵、研棒、药勺、振筛机、毛刷、镊子、白纸、直尺。

3.11.4 实验步骤

（1）将样品风干或烘干备用。若样品中有结块，将其倒入研钵中用研棒轻轻研磨，将结块研开，但不要把颗粒研碎。

（2）用四分法选取样品，称量样品总质量（m），称重应精确到0.01g。

（3）将干净的标准土壤筛按照大小孔径顺序由上至下排好，将已称量样品倒入最顶层的筛盘中，盖好顶盖。在振筛机上筛15～20min，然后分级称重，称重应准确到0.01g，如分级量不足1g时，则称重应准确到0.001g。测量并记录各筛盘中最大颗粒的直径。若无振筛机也可手动筛分，即用手托住筛盘，摇振5～10min，粗筛所用时间可短于细筛。取下摇振后的筛盘在白纸上用手轻扣，摇晃，直至筛净为止。把漏在白纸上的砂粒倒入下一层筛盘内，重复以上操作，到最末一层筛盘筛净为止。

3.11.5 数据记录及结果分析

（1）各粒组百分含量计算

$$某粒组百分含量 = m_i/m \times 100\%$$

式中：m_i 为某粒组质量，g；m 为样品总质量，g。

（2）以粒级为横坐标，累积频率或概率值为纵坐标绘制累积曲线。

（3）还可用三角图表示粒度。三角形的3个端分别代表一定的粒度，如沙、粉沙、黏土。由点在图上的位置可看出粒度分布情况，还可看出不同地区或剖面上粒度的变化趋势。

3.12 风沙土机械组成测定

3.12.1 实验目的

土壤机械组成是土壤分类的依据，也是影响土壤理化性质和肥力状况的主要因素。通过土壤机械组成测定，使学生掌握风沙土的形成、分布、分类及肥力状况，掌握风沙土机械组成测定方法及其适用范围，认识风沙土物质的粒径组成范围及其主要组成粒径。

3.12.2 实验原理

风沙土根据颗粒大小的不同，宜分别采用筛分法、比重计法或简易比重计法进行测定。风沙土风干后，对于大于0.25mm的颗粒，可采用2.0mm、1.0mm、0.5mm的土壤筛直接干筛，而后称取每一级颗粒的重量，计算各级颗粒重量占总土样重量的比例即可。

对于小于 0.25mm 的土样，经化学和物理方法处理成悬浮液定容后，根据司笃克斯定律及土壤比重计浮泡在悬浮液中所处的平均有效深度，静置不同时间后，用土壤比重计直接读出每升悬浮液中所含各级颗粒的质量，计算其百分含量，并定出土壤质地名称。

司笃克斯在 1851 年的研究结果指出，球体微粒在静水中沉降，其沉降速度与球体微粒的半径平方成正比，而与介质的黏滞系数成反比，其关系如式：

$$V=\frac{2}{9}gr^2\frac{d_1-d_2}{\eta}$$

式中：V 为半径为 r 的颗粒在介质中沉降的速度，cm/s；g 为重力加速度，981cm/s²；r 为沉降颗粒的半径，cm；d_1 为沉降颗粒的比重，g/cm³；d_2 为介质的比重，g/cm³；η 为介质的黏滞系数，g/(cm·s)。

当作用于球体的一些力达到平衡时，即加速度为 0 时，球体匀速沉降。

此时，

$$s=Vt$$

式中：s 为沉降的距离，cm；V 为沉降的速度，cm/s；t 为沉降的时间，s。

联立可得

$$t=\frac{s}{\frac{2}{9}gr^2\frac{d_1-d_2}{\eta}}$$

据此可以求出不同温度下，不同直径的土壤颗粒在水中沉降一定距离所需的时间。在这个时间内，用特制的土壤比重计（鲍氏比重计），测定一定深度液层内某种粒径土粒悬液的密度，则可计算出土壤悬液中所含土粒（小于某一粒土粒）的数量。

测定后的风沙土粒径有两种表示方法。一是采用真数，即以毫米或微米为单位来表示颗粒的直径。这种单位的优点是比较直观；缺点是各个粒级不等距，不便于作图和运算。二是采用粒径的对数值来表示，目前广泛应用的是克鲁宾（Krumbein, 1943）根据温德华粒级标准，通过对数变换而得，其定义为

$$\Phi=-\log_2 d$$

式中：Φ 为温德华粒径；d 为颗粒粒径，mm。

3.12.3 实验试剂与仪器

1. 试剂

0.5mol/L 氢氧化钠溶液（称取 20g 氢氧化钠，加水溶解后稀释至 1000mL）、0.5mol/L 六偏磷酸钠溶液（称取 51g 六偏磷酸钠溶于水中，加水稀释至 1000mL）、0.5mol/L 乙二酸钠溶液（称取 33.5g 乙二酸钠溶于水中，加水稀释至 1000mL），以上溶液各需 200mL；异戊醇、6%过氧化氢、混合指示剂、软水、6%过氧化氢与软水各 500mL。

软水制备是将 200mL 2%的碳酸钠加入 15 000mL 自来水中，待静置一夜后，上部清液即为软水。

2. 仪器

实验用具按照一个小组两人完成实验计算，如果是在沙丘采集土壤样品，实验用具按照一个坡位来计算。例如，坡位是阴坡，取样深度根据实际情况确定，现在按照取 5

层土样，每层3个重复计算。

土样袋（铝盒）15个、取土钻1个、标尺1个、土壤筛（孔径分别为2.0mm、1.0mm、0.5mm）及底盘各1个、土壤比重计（又称甲种比重计或鲍氏比重计）5个、量筒（1000mL）15个、锥形瓶（500mL）15个、烧杯（50mL）15个、洗筛（直径6cm、孔径0.25mm）15个、搅拌棒15个（多孔圆盘搅拌器）、沉降筒（1000mL量筒，直径约6cm、高约45cm）15个、三角瓶（500mL）15个、漏斗（直径7cm）15个、有柄磁勺15个、天平1台（感量0.0001g和0.01g 2种）、电热板1个、计时钟15个、温度计（±0.1℃）15个、烘箱1台、250mL高型烧杯15个、普通烧杯5个、小量筒5个、漏斗架5个、真空干燥器1个、小漏斗（内径4cm）5个。

3.12.4 实验前期工作

土样通常用布袋或铝盒盛装。土样袋内外或铝盒顶盖及侧面同时标记，袋（盒）内用自制纸标签，用硬质铅笔书写，袋（盒）外最好用特制标志笔书写，内容应当相同。标签上要求标明采样人、采样日期、采样地点以及采样深度等内容。

在野外选定取样地点后，首先可用取土钻沿着土壤的垂直深度分层取出连续的土样，然后再根据需要按照土层厚度分层，取得每层代表性的混合土样，而后将土样装入布袋或铝盒内带回室内。一般来讲，野外所选定的风沙土取样地点主要集中于沙丘，故此取样时要按照沙丘部位分为丘顶、丘坡（上部、中部和下部）、坡脚和丘间低地。

将从田间采集的土样平摊在铺有干净白纸的塑料或木制托盘中，为了加速土样脱水，最好是将盛土样的托盘分层放置在通风良好的大木架上。一般来说，风沙土所需的烘干时间不超过24h。在风干土壤的过程中，还应注意及时翻动土样，勿使土壤的表面过分干燥，而层内的土壤湿度却很高。

3.12.5 实验设计

1. 方法一（筛分法）

分离0.25~2mm粒级与大于0.25mm粒级颗粒直接用筛分法测定，小于0.25mm颗粒用比重计法测定。将留在洗筛内的砂粒（0.25~2mm）用水洗入已知质量的50mL烧杯（精确至0.001g）中，烧杯置于低温电热板上蒸去大部分水分，然后放入烘箱中，于105℃烘6h，再在干燥器中冷却后，称重计算。

2. 方法二（比重计法）

根据土壤的pH，在锥形瓶中加入50mL 0.5mol/L氢氧化钠溶液（酸性土壤）、50mL 0.5mol/L六偏磷酸钠溶液（碱性土壤）或50mL 0.5mol/L乙二酸钠溶液（中性土壤），然后加水使悬浮液体积达到250mL左右，充分摇匀。在锥形瓶上放小漏斗，置于电热板上加热微沸1h，并经常摇动锥形瓶，以防止土粒沉积瓶底结成硬块。比重计法测定可分为悬浮液制备和悬浮液比重测定两个步骤。

第一步是悬浮液制备。在1000mL量筒上放一大漏斗，将孔径0.25mm洗筛放在大漏斗上。待悬浮液冷却后，充分摇动锥形瓶中的悬浮液，通过0.25mm洗筛，用软水或蒸馏水冲洗入量筒中。留在锥形瓶内的土粒，用软水或蒸馏水全部洗入洗筛内，洗筛内的土粒用橡皮头玻璃棒（或称皮头玻棒）轻轻地洗擦，直到滤下的水不再混浊为止。同时应注意勿使量筒内的悬浮液体积超过 1000mL，最后将量筒内的悬浮液用水加至 1000mL。将盛有悬浮液的 1000mL 量筒放在温度变化较小的平稳实验台上，避免振动，避免阳光直接照射。

第二步是悬浮液比重测定。将制备好的悬浮液置于平稳的桌面上，用搅拌棒在沉降筒内搅拌 1min（大约上下各 30 次），使悬浮液均匀分布。搅拌时不要让搅拌棒离开液面，以免产生气泡，影响读数。搅拌结束后，立即计时。根据不同温度（指制备悬液时所用的软水或蒸馏水的温度）和不同粒径所需的沉降时间来测定悬浮液的比重。

在每次读数前 15~20s，即可把比重计轻轻放入悬浮液中，放时用两手持比重计上部，放入悬浮液，至悬浮液弯液面达到前一读数时放轻手指，使比重计自由稳定地浮于悬液，然后再读数。读数后均需将比重计轻轻取出放入盛有软水或蒸馏水的大烧杯中以备用。

3. 方法三（简易比重计测定法）

首先要分散土粒，即采用物理和化学的方法破坏土壤复粒，使其分散成单粒，分散越彻底，测定结果越准确，这里介绍两种方案。

方案 1：

称取通过 1mm 筛孔的风干土 50g（精确到 0.01g），倾入 500mL 三角瓶中加入分散剂（石灰性土加 0.5mol/L 六偏磷酸钠 60mL，酸性土加 0.5mol 氢氧化钠 40mL，中性土加 0.5mol/L 乙二酸钠 20mL），并加软水 250mL，轻轻摇匀，插上小漏斗，置于电热板（或电炉）上，煮沸 1h（注意，在煮沸过程中，应轻轻摇动 3~4 次，避免底部土壤结块烧焦）。

放置一段时间待稍微冷却后，将悬液经过 0.25mm 的漏斗筛，用软水冲洗入 1000mL 的量筒中，一边冲洗，一边用皮头玻棒摩擦，直至筛下流水清亮为止，注意洗水量不能超过量筒刻度。

方案 2：

称取通过 1mm 筛孔筛分的风干土 50g（精确到 0.01g），倾入有柄磁勺中以少量分散剂润湿土壤（分散剂的选择和用量同上法），并调到稍呈糊状，用皮头玻棒研磨 10~15min。加入软水 50mL，再研磨 1min，稍静置，将上部悬液经 0.25mm 的漏斗筛倾入 1000mL 的量筒中。残留的土样，再加入剩余的分散剂研磨，将全部分散好的悬液都过漏斗筛移入量筒后，再用软水冲洗漏斗筛，边洗边用皮头玻棒轻轻摩擦，直至筛下流水清亮为止，注意洗水量不要超过量筒刻度。

0.25~1mm 粒级的颗粒处理：当转移悬液时，筛下流水清亮后，残留在漏斗筛上的土粒即为 0.25~1mm 粒级的颗粒，用洗瓶洗入已知重量的铝盒中，倾出过多的清水，先在电热板上蒸干，然后置于 105℃ 的烘箱烘干称重，计算占烘干土的比例。

悬液中的各级土粒密度的测定：将量筒内的悬液用软水稀释至 1000mL 的刻度，测量悬液的温度，根据当时的液温和待测粒级的各级粒径（<0.05mm、<0.01mm、<0.005mm、<0.001mm），查表选定比重计读数时间。

用多孔圆盘搅拌以后，按每分钟 30 次左右的速度，迅速搅拌 1min，应特别注意将底部的土粒搅起来，使土粒分散均匀。取出搅拌器便开始记录，此时即为土粒沉降的起始时间。

如悬液产生较多的气泡，应滴加数滴异戊醇消泡，每次测定，应在读数时间前 30s，轻轻放下比重计，提前 10s 进行读数，准确读弯液面上缘与比重计相切处刻度，记录其读数，单位为 g/L。

空白测定，为了消除分散剂和温度变化的影响，故在测定一批样品的同时，做一空白测定。

取 1 只 1000mL 的量筒，加入分散剂（按所测土壤加相同数量分散剂），加软水至刻度，按悬液测定时间进行测定，读数为空白校正值。

3.12.6 数据整理与计算

1. 数据整理

采用筛分法直接进行称重，而后计算每一粒径的重量占烘干土样总重量的比例。

比重计法采用下面方法，对比重读数进行必要的校正计算：

$$校正值 = 温度校正值 + 分散剂校正值$$
$$校正后读数 = 原读数 - 校正值$$

小于某粒径的土粒含量计算：

$$小于某粒径的土粒含量 = 校正后读数/烘干土样重 \times 100\%$$

将相邻的两粒径的土粒含量累积比例值相减，即该范围内的粒级的比例。

2. 计算结果与质地名称

$$校正后比重计读数 = 悬液比重计读数 - 空白读数$$

$$粒径小于某定值的土粒含量 = \frac{比重计较正后读数}{烘干土重}$$

$$黏粒（<0.001mm）含量 = \frac{e}{烘干土重} \times 100\%$$

$$细粒砂（0.001 \sim 0.005mm）含量 = \frac{e}{烘干土重} \times 100\%$$

$$细粒砂（0.001 \sim 0.005mm）含量 = \frac{d-e}{烘干土重} \times 100\%$$

$$中粉砂（0.005 \sim 0.01mm）含量 = \frac{c-d}{烘干土重} \times 100\%$$

$$粗粉砂（0.01 \sim 0.05mm）含量 = \frac{b-c}{烘干土重} \times 100\%$$

$$粗砂与中砂（0.25 \sim 1mm）含量 = \frac{a}{烘干土重} \times 100\%$$

$$细砂（0.05 \sim 0.25mm）含量 = 100\% - 上述 5 种含量之和$$

式中：a 为 0.25～1mm 土粒烘干土重；b 为小于 0.05mm 粒级比重计校正后读数；c 为小于 0.01mm 粒级比重计校正后读数；d 为小于 0.005mm 粒级比重计校正后读数；e 为小于 0.001mm 粒级比重计校正后读数。

现行的土壤质地分类标准有国际制（图 3-6）、美国制、前苏联（卡庆斯基）制以及中国质地分类，现分别列表于后。可根据实测结果进行选择查表，确定土壤质地名称，并注明所采用的分类制（表 3-17～表 3-23）。

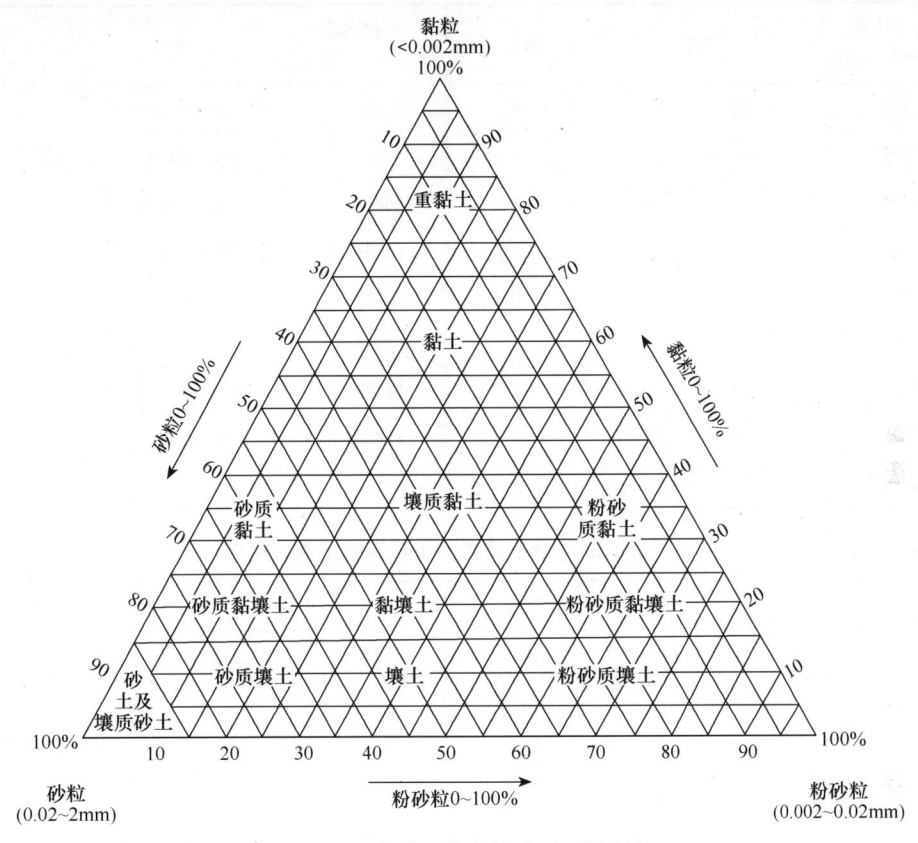

图 3-6　土壤质地分类标准（国际制）

表 3-17　小于 0.25mm 各级土粒（悬液温度）

土壤名称	粒径	测定时间	空白读数	比重计读数	校正后读数
	<0.05mm				
	<0.01mm				
	<0.005mm				
	<0.001mm				

表 3-18　各级土粒含量

土壤名称	各级土粒含量/%						土壤质地
	<0.01mm 物理性黏粒			>0.01mm 物理性砂粒			
	0.001mm	0.001～0.005mm	0.005～0.01mm	0.01～0.05mm	0.05～0.25mm	0.25～1mm	

表 3-19 粒级名称（温德华分级）与 Φ 值关系表

粒级名称（温德华分级）	粒径	Φ 值	粒级名称（温德华分级）	粒径	Φ 值
巨砾	256	−8	粗粉沙	1/32（0.031）	5
粗砾	64	−6	中粉沙	1/64（0.016）	6
中砾	4	−2	细粉沙	1/128（0.008 0）	7
细砾	2	−1	极细粉沙	1/256（0.004）	8
极粗沙	1	0	粗黏土	L/512（0.002）	9
粗沙	1/2（0.5）	1	中黏土	1/1 024（0.001）	10
中沙	1/4（0.25）	2	细黏土	1/2 048（0.000 5）	11
细沙	1/8（0.125）	3	极细黏土	1/4 096（0.000 25）	12
极细沙	1/16（0.062 5）	4			

表 3-20 小于某粒径土粒沉降所需时间

温度/℃	<0.05mm 时	分	秒	<0.01mm 时	分	秒	<0.005mm 时	分	秒	<0.001mm 时	分	秒
4		1	5			43	2	55			48	
6		1	2			40	2	50			48	
8		1	20			37	2	40			48	
10		1	18			35	2	25			48	
12		1	12			33	2	20			48	
14		1	10			31	2	15			48	
16		1	6			29	2	5			48	
18		1	2			27	1	55			48	
20			58			26	1	50			48	
22			55			25	1	50			48	
24			54			24	1	45			48	
26			51			23	1	35			48	
28			48			21	1	30			48	
30			45			20	1	28			48	
32			45			19	1	25			48	
34			44			18	1	20			48	
36			42			18	1	15			48	
38			9			17	1	15			48	
40			37			17	1	10			48	

表 3-21　前苏联制按小于 0.01mm 土粒含量（物理性黏粒含量）列表

质地类型	<0.01mm 土粒含量/%	质地类型	<0.01mm 土粒含量/%
松沙土	0～5	重壤土	40～50
紧沙土	5～10	轻黏土	50～60
砂壤土	10～20	中黏土	65～80
轻壤土	20～30	重黏土	>80
中壤土	30～40		

表 3-22　甲种比重计温度校正表

温度/℃	校正值	温度/℃	校正值
8.0～8.5	−2.2	22.5	0.8
9.0～9.5	−2.1	23.0	0.9
10.0～10.5	−2.0	23.5	+1.1
11.0	−1.9	24.0	+1.3
11.5～12.0	−1.8	24.5	+1.5
12.5	−1.7	25.0	+1.7
13.0	−1.6	25.5	+1.9
13.5	−1.5	26.0	+2.1
14.0～14.5	−1.4	26.5	+2.2
15.0	−1.2	27.0	+2.5
15.5	−1.1	27.5	+2.6
16.0	−1.0	28.0	+2.9
16.5	−0.9	28.5	+3.1
17.0	−0.8	29.0	+3.3
17.5	−0.7	29.5	+3.5
18.0	−0.5	30.0	+3.6
18.5	−0.4	30.5	+3.8
19.0	−0.3	31.0	+4.0
19.5	−0.1	31.5	+4.2
20.0	0	32.0	+4.6
20.5	0.15	32.5	+4.9
21.0	0.3	33.0	+5.2
21.5	0.45	33.5	+5.5
22.0	0.6	34.0	+5.6

表 3-23 我国土壤质地分类

质地组	质地名称	颗粒组成		
		0.05~1mm 砂粒/%	0.01~0.05mm 砂粒/%	<0.01mm 黏粒/%
砂土	粗砂土	>70		<30
	细砂土	60~70		
	面砂土	50~60		
	粉砂土	>20	>40	
壤土	粉土	<20		<30
	粉壤土	>20	<40	
	黏壤土	<20		
黏土	砂黏土	>50		>30
	粉黏土			30~35
	壤黏土			35~40
	黏土			>40

【注意事项】

如土壤中含有机质较多应预先用 6%的过氧化氢处理，直至无气泡发生为止，以除去有机质，过量的过氧化氢可在加热中除去。如果土壤中含有多量的可溶性盐或碱性很强，应预先进行必要的淋洗，以脱除盐类或碱类。

为保证颗粒作独立匀速沉降，必须充分分散，搅拌时上下速度要均匀，不应有涡流产生；悬液的浓度最好小于 3%，最大不能超过 5%，过浓互相碰撞的机会多。搅拌棒向下触及沉降筒底部，向上不露出液面（否则易产生气泡），一般到液面下 3~5cm 处即可。

因为介质的密度和黏滞系数以及比重计浮泡的体积均受温度的影响，所以最好在恒温下进行。沉降筒应放在昼夜温差小的地方，避免阳光直射影响土壤的自由沉降。测定时比重计轻取轻放，尽可能避免摇摆与震动，应放在沉降筒中心，浮泡不能够与四周接触。

比重计要在尽可能短的时间内放入悬液，一般提前 10~15s，读数后立即取出比重计，放入蒸馏水中冲洗，以备下个读数用。温度计放入沉降筒中部，精确到 0.1℃。比重计读数以弯液面上缘为准。

3.12.7 实验报告编写

应注明课程名称、实验名称、指导教师、实验日期、学院（系）、学生姓名和学号。具体内容包括实验原理、实验样品及用具、实验方法与步骤、实验结果与分析、实验收获与体会。

3.13 输沙量的观测

输沙量是风沙流在单位时间内通过单位面积（或单位宽度）所搬运的沙量。风沙流结构是单位面积单位时间输沙量随高度的变化。风沙流中沙物质的采集、观测则主要依靠集沙仪来完成。

3.13.1 实验目的

输沙量是风沙流搬运能力的重要衡量指标，输沙量的测定不仅有理论意义，而且是合理布设防沙治沙措施的主要依据，具有重要的实践指导意义。测定出各层次的输沙量后，可以计算测试点的风沙流结构特征值，从而判断测定点是处于堆积状态还是吹蚀状态，为风沙地区防护措施的设计与布设提供依据。

3.13.2 实验原理

风沙流在单位时间内通过单位面积（或单位宽度）所搬运的沙量，称为风沙流的固体流量，也称为输沙量。输沙量是衡量沙区沙害程度的重要指标之一，也是防沙治沙工程设计的主要依据。用集沙仪收集的单位时间内的沙量即可测得某一风速条件下的输沙量，组合式多通道通风集沙仪如图 3-7 所示。

3.13.3 实验仪器

组合式多通道通风集沙仪 1 套，其主要结构包括主体框架、固定插钉、集沙探头和收沙器。主体框架的支架上设置有固定槽用来固定探头，固定槽设计为 3 列，其位置的分布原则是使集沙仪可以观测任意高度层的输沙量值；固定插钉在主体框架底部，用螺丝与主体框架相连，起固定与支撑之用；探头为方形管道，长 15~25cm，入口端为锐缘，出口与收沙器相连，收沙器使用有通风性能的薄布袋。每组集沙仪分为 0~1cm，1~2cm，…，19~20cm 20 个高度层。量程为 1000g、精度为 0.01g 的电子天平，信封或自封袋若干，用以收集集沙样品。

图 3-7 组合式多通道通风集沙仪

3.13.4 实验步骤

选择所要观测的沙地表面进行观测，由于地表局部特征不同，所以观测点的选择一定要具有代表性，能真正反映这种地表特征。

将组合式多通道通风集沙仪组合好后，使进沙口面向来沙方向，固定插钉插入地下，主体框架底部与地面齐平。打开组合式多通道通风集沙仪进沙口挡板，进行集沙，同时记录集沙时间。10min 后立即转动集沙仪 180°，将进沙口平面朝上提起，卸下收沙器，倒出其中的沙样，装入准备好的信封或塑封袋标记清楚，带回室内用电子天平称重。

3.13.5 数据整理与分析

记录输沙量观测地点、不同高度的输沙量、观测历时等内容，填入表 3-24，据此计算输沙量和风沙流结构。

表 3-24　多通道通风集沙仪风沙流结构观测表

高度/cm	集沙仪内沙量/m³
0~1	
1~2	
2~3	
3~4	
4~5	
5~6	
6~7	
7~8	
8~9	
9~10	
10~11	
11~12	
12~13	
13~14	
14~15	
15~16	
16~17	
17~18	
18~19	
19~20	
时间/s	
输沙量/m³	

3.13.6　实验报告编写

撰写实验报告主要内容包括实验名称、实验目的、实验原理、实验仪器及设备、实验步骤、实验数据的整理与分析、实验结果和心得等。在数据整理中，应建立输沙量和风速之间的最优回归方程，并与前人的模型进行比较，分析其异同点。结果讨论时，可考虑如何通过当地气象数据（特别是风信资料）预测风沙流的年输沙量。

3.14　小流域土壤侵蚀强度调查

3.14.1　实验目的

通过对小流域土壤侵蚀强度的调查，可以了解流域内水土流失的状况及程度。
（1）采用剖面对比分析法对土壤侵蚀量进行测定。
（2）通过对面蚀和沟蚀进行现场调查，计算土壤侵蚀总量。
（3）通过调查分析法确定土壤侵蚀强度。

3.14.2　实验仪器

皮尺、罗盘仪、铁锹，记录簿等。

3.14.3 实验步骤

土壤侵蚀强度所指的是某种土壤侵蚀形式在特定外营力作用和其所处环境条件不变的情况下，该种土壤侵蚀形式发生可能性的大小。它定量地表示和衡量某区域土壤侵蚀数量的多少和侵蚀的强烈程度，通常用调查研究和定位长期观测得到，它是水土保持规划和水土保持措施布置、设计的重要依据。土壤侵蚀强度常用土壤侵蚀模数和侵蚀深表示。

土壤侵蚀强度是根据土壤侵蚀的实际情况，按轻微、中度、严重等分为不同级别。由于各国土壤侵蚀严重程度不同，土壤侵蚀分级强度也不尽一致，一般是按照容许土壤流失量和最大流失量值之间进行内插分级。我国水力侵蚀强度分级见表3-25。

表 3-25 土壤侵蚀强度分级指标

级别	定量指标		定性指标组合				
	侵蚀模数/ [t/(km²·年)]	侵蚀深/mm	面蚀		沟蚀		重力侵蚀
			坡度/(°)（坡耕地）	植被覆盖率/%（林地、草坡）	沟壑密度/(km/km²)	沟壑面积比/%	重力侵蚀面积比/%
Ⅰ．微度侵蚀	<（200, 500或1000）	<（0.16, 0.4或0.8）	<3	>90			
Ⅱ．轻度侵蚀	（200, 500或1000）～2 500	（0.16, 0.4或0.8）～2	3～5	70～90	<1	<10	<10
Ⅲ．中度侵蚀	2 500～5 000	2～4	5～8	50～70	1～2	10～25	10～15
Ⅳ．强度侵蚀	5 000～8 000	4～6	8～15	30～50	2～3	25～35	15～20
Ⅴ．极强度侵蚀	8 000～15 000	6～12	15～25	10～30	3～5	35～50	20～30
Ⅵ．剧烈侵蚀	>15 000	>12	>25	<10	>5	>50	>30

注：沟蚀面积比为侵蚀沟面积与坡面总面积之比；重力侵蚀面积比为重力侵蚀面积与坡面面积之比

土壤侵蚀模数的确定是根据当地条件，采用多种方法确定。这些方法是：①采用侵蚀针法，这种方法是在坡地上插入若干带有刻度的直尺，通过刻度观测侵蚀深度，由此计算出不同坡地上每一年的土壤流失量；②利用小型水库和坑塘的多年淤积量进行推算，最好获得下游水文站的输沙量资料，淤积量和输沙量之和为上游小流域面积的侵蚀量；③坡面径流小区法，这种方法是在坡面上，选择不同地面坡度建立径流小区，小区宽5m（与等高线平行）、长20m（水平投影）、水平投影面积100m²，小区上部及两侧设置围埝，下部设集水槽和引水槽，引水槽末端设量水量沙设备，通过径流小区可计算出不同地面的平均土壤流失量；④根据水文站多年输沙模数资料，用输移比的比值进行推算；⑤采用土壤通用流失方程（USLE）对各因子调查分析后，选取合适的参数进行计算。还可以采用现场剖面对比分析法，可间接推算土壤流失的数量，由此确定侵蚀的强度。

一般在测定时，为了克服调查不足，减少调查误差，可以用多种方法同时调查，相互印证和校核，提高调查质量。本实验介绍了3种调查方法，供选择使用。

（1）利用图书馆和网络资源，查阅所要调查区域的地理位置、自然生态条件、社会经济状况等相关资料。

（2）土壤侵蚀量的确定——剖面对比分析法（方法一）。土壤剖面是指从地面垂直向下的土壤纵剖面，是在土壤发育过程中，由有机质的积聚、物质的淋溶和淀积而形成的，它或多或少表现出土壤特征的水平层次分异。为能进行比较，在有侵蚀部位挖一个土壤剖面，在与有侵蚀区域位于同一部位的林地中挖另一个剖面，两剖面进行对比，确定土壤侵蚀量或侵蚀深。

（3）通过对面蚀和沟蚀进行现场调查，计算土壤侵蚀总量（方法二）。面蚀调查采用侵蚀针法，沟蚀调查用样方法。调查区域土壤侵蚀模数为面蚀与沟蚀单位时段、单位面积侵蚀量之和。

A. 侵蚀针法面蚀调查计算。为了便于观测，在需要进行观测的区域，打 5m×10m 的小样方，在地形不适宜布设该面积小区时，小区的面积可小些，在样方内将直径 0.6cm、长 20~30cm 的铁钉相距 50cm×50cm 分上中下、左中右纵横沿坡面垂直方向打入坡面，为了避免在钉帽处淤积，把铁钉留出一定距离，并在钉帽上涂上油漆，编号登记入册，每次暴雨后和汛期终了以及时段末，观测钉帽出露地面高度与原出露高度的差值，计算土壤侵蚀深度及土壤侵蚀量。计算公式如下：

$$A = \frac{ZS}{1000\cos\theta}$$

式中：A 为土壤侵蚀量；Z 为侵蚀深度，mm；S 为侵蚀面积，m^2；θ 为坡度值。

B. 侵蚀沟样方调查计算。在已经发生侵蚀的地方，通过选定样方，测定样方内侵蚀沟的数量、侵蚀深度和断面性状来确定沟蚀量，样方大小取 5~10m 宽的坡面，侵蚀沟按大（沟宽>100cm）、中（沟宽 30~100cm）、小（沟宽<30cm）分 3 类统计，每条沟测定沟长和上、中、下各部位的沟顶宽、底宽、沟深，通过计算侵蚀沟体积，用体积乘以土壤容重来推算侵蚀量。由于受侵蚀历时和外部环境的干扰，侵蚀的实际发生过程不断发生变化，为了解土壤侵蚀的实际发生过程，在进行侵蚀沟样方法测定的同时，还应通过照相、录像等方式记录其实际发生过程。

（4）土壤侵蚀强度的确定——调查分析法（方法三）。调查流域内的坡度、植被覆盖率、沟壑密度、沟蚀面积占坡面面积比、崩塌面积占坡面面积比、降雨量、土壤等因素。通过调查的指标，参照土壤侵蚀分级指标，确定土壤侵蚀强度。

3.14.4 数据整理与分析

调查表格为表 3-26。

表 3-26 土壤侵蚀强度调查分析法调查表格

坡向	地形	坡位	坡度/(°)	植物群落组成	盖度/%	降雨量/mm	地下水位深度/m	土壤种类	土层厚度/m	质地	坡面面积/m²	沟蚀面积/m²	崩塌面积/m²	沟壑密度/(km/km²)

第4章 水文因子类实验

4.1 坡面径流流速测定

坡面地表径流是形成侵蚀的主要动力之一，其侵蚀能力的大小与流速成正比。由于坡面径流是一薄层水流，无法直接用流速仪测定，多采用放水实验，用染色法测定。

4.1.1 实验目的

坡面地表径流侵蚀能力的大小取决于流速的快慢，对于同一地块流速越大，侵蚀量越高，因此流速是计算地表径流侵蚀力以及挟沙能力的关键指标。通过对比不同治理措施坡面的流速，还可以评价不同治理措施的防治效果。因此，坡面地表径流流速的测定是水文与水资源学必须掌握的内容。

通过本实验，使学生掌握地表径流流速测定的基本原理、谢才公式和曼宁公式的计算过程，掌握地表径流流速测量方法、地表糙率的计算方法和评价植物措施减缓地表径流效益的方法等。

4.1.2 实验原理

当降雨强度大于土壤的入渗强度或表层土壤饱和后多余的雨水在地表流动形成地表径流。地表径流是一层很薄的水流，脉动性很大，无法利用流速仪或浮标进行测定，同时地表径流在流动过程中往往会下渗。因此地表径流的流速必须采用特殊的办法进行测定。最常用的办法是染色法。染色法就是在地表径流中加入染料，观测被染色的水流流经一定长度的坡面所用的时间。地表径流流过一定长度 L 的坡面与所用时间 t 的比值就是地表径流的流速。

4.1.3 实验仪器

本实验不需要精密仪器，主要的用具有钢板（宽 10cm、长 60cm、厚 1mm）4 块、铲子、剪刀、榔头、皮尺、秒表、墨汁、测坡仪、手持罗盘、天平、洒水用的喷壶以及水等。

4.1.4 实验步骤

1. 试验地的处理

选择好调查样地后，沿坡面将钢板相距 5~10cm 插入土壤之中围成 120cm 长的测定区，在测定区上方用铲子挖一个与测定区同宽、深 5~10cm、长 10cm 左右的溢流坑。在测定区下方的出口处安装一个地表径流收集器，将测定区的径流导入收集瓶。然后用装满水的喷壶在测定区上洒水模拟降雨，使表层土壤接近饱和（但不能产流）。试验地处理好后用测坡仪或罗盘测定试验地的平均坡度。

2. 流速测定

向测定区上方的溢流坑内匀速地注水，使溢流坑内充满水并沿坡面向下溢流（这样水流沿坡面向下流动的初速度等于 0），在离溢流坑 20cm 处向坡面径流中加入几滴墨水，并开始计时，并在测定区出口处开始收集所有从测定区流出的径流。当被墨水染色的水流流到测定区出口时（流经的长度为 100cm），计时结束，径流收集也结束，计算被染色的径流流经 100cm 长的坡面所用的时间，用量筒测量该时间内径流的体积。该实验过程重复 3 次以上。

3. 实验后测定区的处理

流速测定结束后用剪刀沿地面将测定区内的植物剪下，带回室内测定其干重生物量，并用钢尺精确测量流速测定区的平均宽度。

4.1.5 数据整理与分析

设测定区坡面长度为 L（本实验中 L 为 100cm），测定区的平均宽度为 B，测定区的平均比降为 J，被染色的径流流经坡长 L 所需时间为 T，时间 T 内在测定区下方收集到的地表径流量为 Q，则：地表径流的流速（V）为

$$V = L/T = 100/T$$

地表径流的平均深度（d）为

$$d = Q/(VB)$$

地表径流的湿周（R）为

$$R = Q/V/(B+2d)$$

测定区的地表糙率（n）为

$$n = \frac{R^{\frac{2}{3}} \times J^{\frac{1}{2}}}{V}$$

在不同样地上进行地表径流流速的测定，对比分析不同地类坡面地表径流流速的差异，以及地表糙率的大小，探讨地表生物量（包括枯枝落叶）对地表径流的流速的影响，分析地表生物量与糙率的关系。

4.1.6 实验报告

实验报告的内容包括两方面：一方面为坡面地表径流流速测定样地基本情况和测定过程介绍，另一方面为坡面地表径流流速的测定结果、糙率的计算结果。坡面地表径流流速测定样地基本情况和测定过程介绍包括：调查样地的基本情况（地点、林种、树种、树龄、树高、胸径、郁闭度、盖度）、枯枝落叶的量（厚度、单位面积重量）、鲜草量、坡度、坡向、坡位、实验过程、记录的数据等。

坡面地表径流流速测定结果包括：不同样地坡面地表径流的流速、地表糙率，重点分析地面覆盖状况（盖度、生物量、枯枝落叶量等）对地表径流流速的影响，探讨枯枝落叶量、鲜草量与地表糙率的关系（表 4-1）。

表 4-1 坡面地表径流流速测定和地表糙率计算用表

实验地点			地理坐标		
测定区坡度/(°)		测定区长度/m		测定区宽度/m	
鲜草量/kg		枯枝落叶量/kg		总生物量/kg	
盖度/%		主要植物类型			
土壤类型		土壤厚度/cm		母质	
实验次数	流程长度/m	时间	流量	流速	地表糙率	备注
1						
2						
3						
4						
5						
平均值						

4.2 面蚀观测与调查

4.2.1 实验目的

面蚀是指由于分散的地表径流冲走坡面表层土粒的一种侵蚀现象，是我国山区、丘陵区土壤侵蚀形式中分布最广、面积最大的一种形式。由于面蚀面积大，侵蚀的又是肥沃的表土层，所以对农业生产的危害很大。根据面蚀发生的地质条件、土地利用现状、发展的阶段和形态差异，面蚀又分为层状面蚀、沙砾化面蚀、鳞片状面蚀和细沟状面蚀 4 种形式。

通过面蚀的观测和调查，要求掌握面蚀的 4 种形式及其概念，掌握面蚀种类判别、面蚀程度和强度的一般判别方法，掌握常用的面蚀量的调查方法。

4.2.2 实验仪器

罗盘仪、钢尺、照相机。

4.2.3 实验步骤

1. 农耕地面蚀程度调查

农耕地面蚀程度调查主要以年平均土壤流失量作为判别指标，当实际的土壤流失量在容许土壤流失量范围之内时，就可以认为没有面蚀发生。不同土壤侵蚀类型区容许土壤流失量可以参照表 4-2 的值。

表 4-2 不同土壤侵蚀类型区容许土壤流失量

土壤侵蚀类型区	容许土壤流失量/[t/(km²·年)]	土壤侵蚀类型区	容许土壤流失量/[t/(km²·年)]
西北黄土高原区	1000	南方红壤丘陵区	500
东北黑土区	200	西南土石山区	500
北方土石山区	200		

目前，面蚀量常用的调查方法有：①侵蚀针法；②坡面径流小区法；③利用小型水库、坑塘的多年淤积量进行推算其上游控制面积的年土壤侵蚀量；④根据水文站多年输沙模数资料，用泥沙输移比进行推算上游的土壤侵蚀量；⑤采用通用土壤流失方程式（USLE）对各因子调查分析后，选取合适的值进行计算。

上述方法均需要较长时间及齐备的资料进行测定，实际的土壤侵蚀调查工作中，往往是不允许的。因此，在短时间内常用现场剖面对比分析法间接推算出土壤流失的数量，由此确定农耕地上的面蚀程度。

本实验调查采用剖面对比分析法来判定耕地面蚀程度。

一般情况下，根据表土流失的相对厚度，将面蚀程度分为4级，各级的耕作土壤情况及其程度划分标准见表4-3。土壤剖面的开挖及农业土壤层次的划分，参见相关书籍。

表4-3　农耕地面蚀程度与土壤流失量关系

面蚀程度	土壤流失相对数量
1级无面蚀	耕作层在淋溶层进行，土壤熟化程度良好，表土有团粒结构，腐殖质损失较少
2级弱度面蚀	耕作层仍在淋溶层进行，但腐殖质有一定损失，表土熟化程度仍属良好。具有一定量团粒结构，土壤流失量小于淋溶层的1/3
3级中度面蚀	耕作层已涉及淀积层，腐殖质损失较多，表土层颜色明显转淡。在黄土区通体有不同程度的碳酸钙反应，在土石山区耕作层已涉及下层的风化土沙，土壤流失量占到淋溶层的1/3～1/2
4级强度面蚀	耕作层大部分在淀积层进行，有时也涉及母质层，表土层颜色变得更淡。在黄土区通体有不同明显的碳酸钙反应，在土石山区已开始发生土沙流泻山腹现象，土壤流失量大于淋溶层的1/2

2. 农耕地面蚀强度调查

面蚀强度是在不改变土地利用方向和不采取任何措施的情况下，今后面蚀发生发展的可能性大小。因此，农耕地面蚀强度是根据某些影响土壤侵蚀的因子进行判定而得到的。

一般情况下是根据农耕地田面坡度大小，对其发生强度进行判定。常将农耕地上的面蚀强度划分为5级，有时也可根据具体要求进行适当增减。农耕地田面坡度与其面蚀强度划分标准见表4-4。

表4-4　农耕地田面坡度与其面蚀强度划分标准

面蚀强度	田面坡度/(°)	面蚀强度	田面坡度/(°)
1级无面蚀危险的	≤3	4级有面蚀危险、沟蚀危险的	15～25
2级有面蚀危险的(包括细沟状面蚀)	3～8	5级有重力侵蚀危险的	>25
3级有面蚀危险和沟蚀危险的	8～15		

3. 非农耕地面蚀程度调查

在非农耕地坡面上，由于人为不合理活动（如过度采樵、放牧和火灾等）原因，使植物种类减少、生长退化、覆盖率降低，主要发生鳞片状面蚀。鳞片状面蚀发生程度及其发展强度主要与地表植物的生长状况、覆盖率高低和分布是否均匀等因素有关。

鳞片状面蚀程度调查，主要参照地表植物的生长状况、分布情况及其覆盖率的高低来确定。有植物生长部分（鳞片间部分），地表无鳞片状面蚀或较轻微；无植物生长部分（鳞片状部分），地表有鳞片状面蚀或较严重。一般地常将鳞片状面蚀程度划分为4级，各级植物生长状况描述见表4-5。

表 4-5 地表植物生长状况与鳞片状面蚀程度划分标准

鳞片状面蚀程度	地表植物生长状况
1级无鳞片状面蚀	地面植物生长良好，分布均匀，一般覆盖率大于70%
2级弱度鳞片状面蚀	地面植物生长一般，分布不均匀，可以看出"羊道"，但土壤尚能连接成片，鳞片部分土壤较为坚实，覆盖率为50%~70%
3级中度鳞片状面蚀	地面植被生长较差，分布不均匀，鳞片状部分因面蚀已明显凹下，鳞片间部分土壤和植物丛尚好，覆盖率为30%~50%
4级强度鳞片状面蚀	地面植被生长极差，分布不均匀，鳞片状部分已扩大连片，而鳞片间土地反而缩小成斑点状，覆盖率小于30%

4. 非农耕地面蚀强度调查

鳞片状面蚀强度判定标准主要是参照地表植物的生长趋势及其分布状况来进行的，通常将鳞片状面蚀强度判定分为3级，各级鳞片状面蚀强度与地面植物生长趋势见表4-6。

表 4-6 地表植物生长趋势与鳞片状面蚀强度划分标准

鳞片状面蚀强度	地表植物生长趋势
1级无鳞片状面蚀危险的	自然植物生长茂密，分布均匀
2级鳞片状面蚀趋向恢复的	放牧和樵采等利用逐渐减少，植物覆盖率在增加，生长逐渐壮旺，鳞片状部分"胶面"和地衣苔藓等保存较好，70%以上未被破坏
3级鳞片状面蚀趋向发展的	放牧和樵采等利用逐渐增加，植物的覆盖率在减少，生长日趋衰落，鳞片状部分"胶面"不易形成

注：胶面是由生长在岩石和土壤表面的菌藻类低等植物死亡后形成的暗黑色膜状物

4.3 坡面细沟侵蚀调查

4.3.1 实验目的

细沟侵蚀是面蚀发生发展的最严重阶段，一般发生在坡耕地或其他裸露坡面上，宽深均不超过20cm。细沟与地表径流方向一致，且细沟之间大致平行。细沟的出现标示着侵蚀即将由面蚀进入沟蚀，侵蚀量会迅速增加，造成的危害更加严重。因此，对细沟的研究和认识、对细沟侵蚀的积极治理，是认识土壤侵蚀规律和控制水土流失的重要环节。

本实验主要是掌握坡面细沟侵蚀的侵蚀量调查，巩固课本知识，了解土壤侵蚀的一般规律。

4.3.2 实验仪器

罗盘仪、皮尺、环刀、GPS定位仪。

4.3.3 实验步骤

（1）在已经发生细沟侵蚀的地方，按照目测分布情况，在不同的细沟分布密度区域分别选定样方，样方沿坡面取宽 5m、长 10m。

（2）将样方内细沟按大（沟长>200cm）、中（沟长 100~200cm）、小（沟长<100cm）分三类统计细沟数量，每条沟测定沟长和上、中、下各部位的沟顶宽、底宽、沟深，按照数学几何的方法估算每条细沟的体积，将样方内所用细沟的体积相加获得总体积。

（3）在调查样方附近，细沟最大沟深范围内用环刀取土，回实验室测土壤容重。

（4）用样方内细沟总体积乘以土壤容重获得样方内细沟侵蚀量。

（5）假定细沟侵蚀区域侵蚀分布均匀，用样方内单位面积侵蚀量乘以侵蚀面积就是细沟侵蚀区域侵蚀量。由于受侵蚀历时和外部环境的干扰，侵蚀的实际发生过程不断发生变化，为了解土壤侵蚀的实际发生过程，在进行侵蚀沟样方测定的同时，有条件时还应通过照相、录像等方式记录时段内实际发生过程。

4.4 径流小区径流量、泥沙量的测定

地表径流的形成方式有超渗产流和蓄满产流，超渗产流是当降雨强度大于土壤的入渗强度时，超过土壤入渗能力的雨水在地表形成径流。蓄满产流是降雨时渗入土壤中的雨水量超过了土壤的蓄水能力，多余的雨水在地表形成径流。地表径流在沿坡面流动过程中，冲刷表层土壤，形成侵蚀。坡面地表径流量和土壤侵蚀量一般用径流小区来测定。

4.4.1 实验目的

坡面径流是降雨时扣除植物截留、枯枝落叶拦蓄、入渗、填洼以及蒸发损失后沿坡面向下流动的薄层水流。坡面径流在向沟道汇集的过程中，剥蚀、搬运、溶蚀土壤，在造成土壤资源损失和破坏的同时，形成了坡面水资源的损失和浪费。通过测定坡面地表径流量和土壤侵蚀量，可以认知坡面水土流失规律，掌握影响坡面水土流失的主要因素，可以为坡面水土保持措施的配置提供依据，可以为水土保持效益监测与评价提供基础数据。因此，坡面地表径流量和土壤侵蚀量的测定是水文与水资源学中必须掌握的重要内容之一。

通过本实验，使学生认知坡面径流小区和坡面径流小区的组成；掌握坡面径流小区布设的原则和方法、常用的径流量的测定方法、计算方法和主要仪器；掌握侵蚀量的观测方法、计算方法和主要仪器；掌握水位流量关系曲线的应用。通过分析径流量、侵蚀量与降雨要素、地形、地表状况的关系，掌握分析影响地表径流量、侵蚀量关键要素的方法，尝试径流量、侵蚀量的尺度扩展。

4.4.2 实验原理

一定面积的坡面上汇集的水量就是坡面径流量，这些水量中所含有的泥沙量就是该

坡面上的土壤侵蚀量。为此选择一定面积的区域作为测定区，将该区域与周围环境隔离开来，保证区域外和区域内没有水分交换，再把该区域内形成的地表径流全部收集起来，测定其体积和含沙量，便可以计算出该区域上形成的地表径流量和侵蚀量。这就是坡面径流小区的实验原理，该测定区域被称为坡面径流小区。径流小区的形状可以是正方形、长方形或其他面积容易确定的形状，目前常用的是长方形，面积为 5m×20m（水平面积），这种面积为 100m² 的长方形径流小区称为标准径流小区，也可采用自然集水区作为径流小区。

4.4.3 实验设计

1. 径流小区的选择

坡面径流小区是在地形地貌、土壤地质、土地利用等方面有代表性的典型坡面，因此，在选择坡面径流小区时必须从地形、地貌、土壤、地质、植被、土地利用等方面综合考虑，选择的原则包括四个方面。

（1）自然性，径流小区的坡面应该处于自然状态，不能有人为活动的干扰，不能有土坑、道路、坟墓、土堆等严重影响径流流动的障碍物。如果是农地小区，农地小区的种植和管理方式与其他农地保持一致。如果是林地小区，其下层植被和枯枝落叶应处于自然状态，并保存完好。

（2）代表性，标准径流小区的地形地貌、坡度坡向、土壤、植被类型、土地利用类型等在研究地区要有代表性。

（3）均一性，标准径流小区的坡面应平整、均匀一致，不能有急转的坡度。土壤特征和植被覆盖应均匀一致。

（4）便于管理，标准径流小区应相对集中，交通便利，便于管理，以利于进行水文气象观测，同时也利于进行人工降雨实验。

2. 径流小区的组成

标准径流小区由保护带、护埂、承水槽、蓄水池四部分组成，如图 4-1 所示。

保护带是位于标准径流小区上方和两边的区域，是为防止坡面上方和两侧的径流进入径流小区而设置的保护区域，同时也是为了防止植物根系、树冠伸入径流小区而设置的过渡带，同时还可以作为管理的通路。

护埂是将标准径流小区和周围环境隔离开来的设施，同时可以起到防止标准径流小区内外水分的交换，因此护埂一般要安置在土层下面的基岩上，以防止深层的水分交换。承水槽是位于坡面径流小区下方、承接坡面径流小区汇集的地表径流，并通过导水管将地表径流导入观测室的设施。承水槽与径流小区下方的坡面平齐，以保证坡面径流能够顺利进入承水槽，承水槽底部向导水管倾斜，断面尺寸要能够保证设计暴雨形成的地

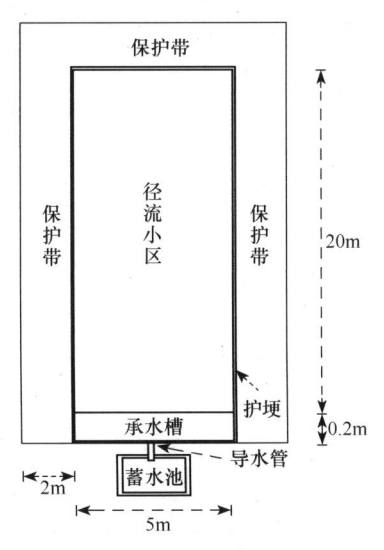

图 4-1 径流小区示意图

表径流及时排入导水管。

蓄水池是收集坡面径流小区径流泥沙的池子，它将从导水管排出的径流保存起来。可以通过蓄水池中的水深直接计算出泥水量，降雨后通过在蓄水池中取泥水样，测定泥沙含量，计算侵蚀量。因此蓄水池要能将从导水管排出的泥沙量全部保存，池体不能漏水。

3. 径流量观测方法

径流量的观测方法可以根据标准径流小区可能产生的最大流量选定，常用的方法有体积法、溢流堰法。

（1）方法一（体积法）。体积法是根据蓄水池中水位的变化计算出泥水的总体积。水位的变化可以利用自记水位计进行观测，根据水位的变化可以直接计算出坡面径流过程。如果径流小区面积较大或暴雨量较大，形成的泥水量将会很多，蓄水池就必须有足够大的体积，这必将增加施工费用。为了减小蓄水池的体积，可以在蓄水池上方设置一个分水箱，使从承水槽中排出的泥水先进入分水箱，然后再让泥水的少部分进入蓄水池（根据分水孔的数目而定，如果是9孔分水，进入蓄水池的泥水量只有1/9，如果是5孔分水，进入蓄水池的泥水量只有1/5），这样就可以减小蓄水池的容积，以节约成本和便于修建。

（2）方法二（溢流堰法）。溢流堰法是在蓄水池的侧壁上安置一个薄壁堰，在蓄水池内安置水位计（浮子式水位计、超声波水位计）测定水位变化。降雨后，用笔记本电脑采集自记水位计的水位数据，在室内利用薄壁堰的水位流量关系曲线计算出坡面径流小区的径流量和径流过程。溢流堰法能有效节约蓄水池的容积和投入。

4. 侵蚀量观测方法

从坡面侵蚀的泥沙随地表径流进入蓄水池，如果采用体积法观测径流量，那么侵蚀量的观测采用人工取样法测定，即在每次降雨后将蓄水池中的泥水搅拌均匀后，用1000mL的取样瓶在蓄水池中取泥水样。当蓄水池中泥水量较多时，很难搅拌均匀，取一个泥水样将会产生较大误差。为此可以用取样器进行分层取样，测定不同深度的泥沙含量（表4-7）。

采用溢流堰法观测径流量，由于没有收集和保存从溢流堰流出的泥水，无法在降雨后进行取样。因此必须在降雨过程中根据径流过程进行人工采样，这样可以观测坡面径流小区的产沙过程。但这种方法费时费力，且无法预知何时产流，常造成观测失败。

侵蚀量的观测可以采用泥沙自动取样器（如ISCO6712）进行自动观测。泥沙自动取样器可以根据降雨条件和蓄水池中水位变化条件自动进行取样。降雨后用笔记本电脑采集泥沙取样报告，以及水位变化数据和降雨数据。

取回的泥水样品，在室内采用过滤烘干法进行测定。在室内将装有泥水样的取样瓶外面擦干净，用天平称重 W_1。将泥水样导入量筒测定体积 V 后用定量滤纸（滤纸的重量为 W_L）进行过滤，然后将滤纸和滤纸上的泥沙放入105℃的烘箱烘干至恒重，称烘干后的泥沙加滤纸重 W_2，并对洗净后的取样瓶进行称重 W_p。

表 4-7　坡面径流小区人工观测记录表

测定期间：　　年　月　日至　　年　月　日　　　　测定人：

小区名称		地名		海拔/m		地理坐标	
小区面积/m²		坡向		坡位		坡度/(°)	
土壤类型		土壤厚度/cm		母质种类		基岩种类	
植被类型		群落名称		郁闭度/%		密度/(株/hm²)	
承水槽面积/cm²		蓄水池面积/m²		分水箱面积/cm²		分水孔数/个	

日期	降雨量/mm	5min降雨强度/(mm/min)	10min降雨强度/(mm/min)	30min降雨强度/(mm/min)	60min降雨强度/(mm/min)	蓄水池水深/mm	分水箱水深/mm	泥水总量/cm³	取样瓶号	取样瓶重/g	泥水+瓶重/g	泥水重/g	泥水样体积/cm³	滤纸+湿泥重/g	滤纸+干泥重/g	净泥率/%	净水率/%	径流量/L	侵蚀量/kg

4.4.4 数据处理与分析

泥水总量＝蓄水池底面积×水深（体积法）

泥水总量＝分水箱中泥水量＋分水孔数×蓄水池中泥水量（分水箱法）

泥水总量＝蓄水池中泥水量＋溢流堰上流出的泥水量

溢流堰上流出的泥水量根据溢流堰的水位流量关系曲线进行计算。

净水率＝$(W_1-W_p-W_2+W_L)/V$

净水量＝净水率×泥水总量

径流量＝净水量/径流小区面积

径流系数＝径流量/降雨量×100%

净泥率＝$(W_2-W_L)/V$

净泥量＝净泥率×泥水总量

单位面积侵蚀量＝净泥量/径流小区面积

4.4.5 实验报告

实验报告的内容包括两方面：一方面为径流小区的基本情况论述，另一方面为坡面径流量和侵蚀量的测定结果。

径流小区的基本情况论述包括：地点、坡度、坡向、坡位、地类、林种、树种、树龄、树高、胸径、郁闭度、上层植被生物量、下层植被高度、盖度、下层植被生物量、鲜草重、枯枝落叶量、径流小区的面积、径流测量方法、水位计型号和精度、泥沙取样器的型号、取样体积。

坡面径流量和侵蚀量的测定结果包括：坡面径流小区的径流量、侵蚀量、产流开始时间、产流结束时间、径流系数、侵蚀模数、产流过程线、径流过程线，分析对比不同地类的径流量、侵蚀量、产流过程线和输沙过程线的不同，分析降雨条件下对坡面径流与侵蚀的影响，探讨地形要素与坡面产流产沙的关系，总结坡面径流、侵蚀的规律，尝试将坡面径流小区的观测结果扩展到小流域。

4.5 集水区径流泥沙观测

4.5.1 实验目的

通过不同尺度集水区实验，研究小流域不同尺度径流、泥沙、流域降雨量、水面及陆地蒸发、土壤含水量、土壤理化性质、入渗、植被、面源污染迁移等变化规律，研究流域内降雨侵蚀量的季节变化特征、土壤侵蚀变化特征、小流域的水土流失量，以便揭示水量平衡要素物理过程的实质，为流域内控制水土流失、提高土壤质量、流域生态修复、生态规划和土地利用调整提供科学依据。

4.5.2 实验原理

集水区是在野外坡地径流场上或有代表性的小流域内进行现场实地实验，是在不同的坡地上修建不同类型的径流场，设置降雨径流、泥沙等观测设施，观测降雨、径流、泥沙等项目，用适当分析方法，求出各自然及人为因素与水土流失的规律性关系。实验目的在于寻求能够有效地保持水土、提高地力、增加产量和经济收益的水土保持措施；增加地表糙度，减缓、减少坡地径流和流速，降低径流侵蚀能力，增加土壤水分入渗。

4.5.3 实验仪器

土壤养分速测仪、土壤水分测定仪、可见分光光度计、紫外可见分光光度计、原子吸收分光光度计、真空干燥箱、GPS定位仪、螺纹钻、取土钻、环刀、土壤筛、电动粉碎机、中子土壤水分仪、四合一土壤分析仪、土壤肥力、pH分析仪、分析天平、自动电位滴定仪、红外分光光度计、气象色谱仪、液相色谱仪、极谱仪、COD测定仪、BOD测定仪、冷原子测汞仪、溶氧仪、氧化-还原电位测定仪、电导仪、浊度仪、全套化学分析用玻璃器皿等。

4.5.4 实验步骤

（1）种植好各处的植物，做好日常管理，按要求认真记好各小区的有关资料（覆盖度、生物量、经济产量、土壤湿度、气象、作物特征、施肥、水分状况等），小区要统一操作，防止系统误差。

（2）在每次下雨前检查各个径流小区的状态，小区边界是否完好，植被是否正常，是否有人为破坏，集水沟、集水池中是否有水和泥，有就立即清除；如果降雨没有产生径流，除记录何时降雨、持续时间、降雨强度、降雨量等外，并记好什么原因而致无径流产生，是否是持续干旱造成的。

（3）如果有径流产生，雨停后径流产生也停时，可根据天气状况决定是否采样，采样时在室内做好准备，准备好后首先观察记录径流深度，每个径流池搅拌均匀后立即取混合样1000mL，写上标签拿回实验室。

（4）每个径流池采好混合样后，不要立即排水，让其沉淀一会，待沉淀下泥沙将上层清水放出，将高浓度泥沙水收集装瓶带到实验室让其自然蒸干，干的泥沙作为泥沙养分分析样。

（5）取好高浓度泥沙水混合样后，将径流池清洗后排干水关上阀门。

（6）在实验室将1000mL的混合样，在已烘干称重的滤纸上过滤，收集过滤后水样作为水中营养分析样，其中包括土壤全氮、全磷、全钾和有机质，土壤速效氮、磷、钾，以及水质中浊度、色度、电导率、pH、碱度、悬浮物、总硬度、硫酸盐、氨氮、亚硝酸盐氮、硝酸盐氮、亚硝胺、化学需氧量等。

（7）过滤好的滤纸和泥沙一起放到105℃的烘箱中烘至恒重，计算出1000mL径流水中的泥沙含量，再推算出小区的径流系数、土壤侵蚀模数和农业面源污染对库区水体的贡献率。

（8）将有关原始数据存入数据库供结果分析用。

4.5.5 数据整理与分析

（1）在整理资料之前，应对原始观测资料进行认真的复查，确定资料真实可靠，或存在的问题得到解决，才能进行整理。

（2）整理后的成果应包括以上全部观测记载的资料。在整理过程中，应根据资料性质按项目列成表格或绘制成图形，并计算出平均数、标准差和变异系数，以备分析应用。

（3）产量分析，是指根据各处理的平均产量和各处理在各重复产量的高低，将它们划分成若干等级。属于同一级的处理，表示它们平均产量的差异主要是由于实验误差造成，增产效果不显著；属于不同级的处理，表示它们平均产量的差异主要是由处理本身引起，有增产效果；不同处理间的等级差别越大，表明增产效果越好。

（4）水、沙分析，一般采用百分数法分析。在实验期内，实验处理径流小区产生的径流和泥沙与对照径流小区比较，计算出减少的百分数。

4.6 小流域径流泥沙观测

小流域是径流泥沙形成、汇集、运移的自然单元，也是水土保持综合治理的最小单元，因此小流域径流泥沙的测定是水土保持监测的重要内容，是在小流域尺度上评价水土保持效益、研究水土流失规律的主要手段。

4.6.1 实验目的

降雨过程中通过产流、坡面汇流和河道汇流，在流域出口形成径流过程，在流域产流、汇流过程中形成的地表径流、壤中流、地下径流在向流域出口汇集过程中剥蚀、冲刷、溶蚀流域内的土体，形成挟沙水流，造成侵蚀，并将侵蚀的土体从流域出口输出或沉积在河道内。通过观测小流域的径流泥沙，可以在小流域尺度上把握汇流过程和输沙过程，掌握小流域的产流产沙规律，从而为在小流域尺度上水土保持措施的空间配置提供依据，可以为小流域综合治理的效益评价提供基础数据。因此，小流域径流泥沙观测是水文与水资源学中必须掌握的重点内容。

通过本实验，使学生掌握测定流域选择及其基本原则、观测断面选择的依据和方法、量水设施的基本类型及其组成、流速测定主要方法和主要仪器、水位流量关系曲线的应用、水位观测的主要仪器及适用范围、河川径流量的计算、流量过程线绘制、输沙量的计算及输沙过程线的绘制、不同小流域径流泥沙过程的对比分析方法等。

4.6.2 实验原理

降雨开始至降雨结束后一定时间内从监测流域流出的水量为该流域该次降雨过程中形成的径流量，这些水量中所含有的泥沙量就是该流域的输沙量，或一定期间内从监测流域流出的水量为该期间内的径流量，这些水量中所含有的泥沙量为该流域的输沙量。因此，在小流域出口处修建量水设施，安装水位计观测量水设施上的水位变化过程，根据水位变化过程利用水位流量关系曲线计算出径流量和径流过程。同时通过在径流过程中的不同时段，采取泥水样测定泥沙含量，结合径流过程，计算得到输沙过程。

4.6.3 实验设计

1. 测定流域及监测断面的选择

（1）测定流域的选择。选择自然条件（地形地貌、土壤地质、流域特征）和土地利用状况有代表性的流域作为测定流域，并选择对比流域。测定流域和对比流域必须是闭合流域，流域特征（面积、长度、宽度、平均比降、形状系数、沟壑密度等）应该基本一致。

（2）监测流域的部署。在总体规划部署上，应按大流域套小流域、综合套单项、大区套小区的原则。在小流域的研究方法上，采用单独流域法（流域自身对比法）或并行流域法（平行对比法）。

（3）观测断面选择。观测断面选择在流域出口，以控制全流域的径流和泥沙；观测断面必须选择在河道顺直、沟床稳定、没有支流汇水影响的地方；观测断面应选择在交通方便、便于修建量水设施的地方。

2. 水位测定与流量计算

（1）水位测定。量水堰由观测室、探井、堰体、引水墙、沉砂池、导水管、水尺等组成。在量水堰体上安装的水尺上直接读取水位，用安装在探井上的水位计观测水位。

（2）水位计种类。水位计有浮子式、超声波式、压力式。浮子式水位计需要安装在探井上，超声波式水位计需要安装在专用支架或探井上，压力式水位计可直接投入水中观测。目前的水位计均为自记水位计，在观测前需要用专用软件对其进行设置，设置内容包括日期、时间、数据记录间隔、水位的单位、数据文件的格式等。水位计设置好后开始记录，每隔一定时间后将水位计与笔记本电脑连接，用专用软件下载记录的数据。采用数据处理软件（如 Excel）等绘制水位变化过程图，计算平均水位及流量。

（3）平均水位计算。如果一日内水位变化不大，或虽有变化但观测时距相等时，可以用算术平均法求得日平均水位。

如果一日内水位变化较大，观测时距又不相等，可用面积包围法计算平均水位，即将一日 0~24 时的水位过程线所包围的面积除以 24。

（4）流量计算。根据量水堰的流量公式，利用观测到的瞬时水位直接利用水位流量关系曲线计算某一时刻的瞬时流量，将瞬时流量根据时间步长累加后得到某一时段的总流量。

瞬时流量 Q_n 就是某一时刻对应的某一水位的流量，即用水位流量关系计算出的流量。

时段流量 W 是指某一时段内从量水建筑物上流出的水量，等于时段初的瞬时流量与时段末的瞬时流量平均后乘以时段长。

径流总量 W 是指到某一时刻为止，从量水建筑物上流出的总水量，等于该时刻前所有时段流量之和（图 4-2）。

$$W = W_1 + W_2 + \ldots + W_{n-1}$$

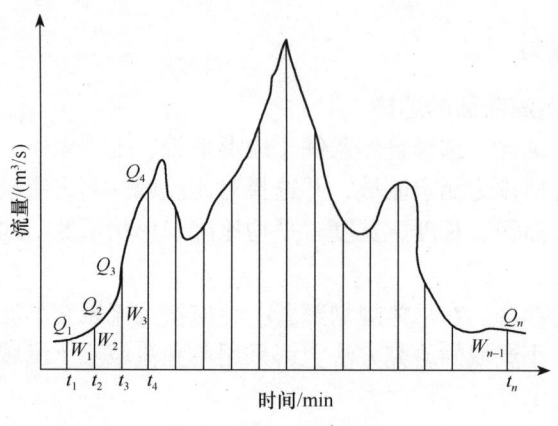

图 4-2　流量计算示意图

3. 流速测定

采用流速仪（旋杯式、旋桨式）测定。测定前在观测断面上设定好测速垂线（可以利用测深垂线），测定测速垂线的起点距，并测定水深，根据水深采用一点法、两点法、三点法或五点法测定流速（表 4-8）。

表 4-8　流速测点设定表

垂线水深	方法名称	测点位置
$h<1m$	一点法	0.6h
$1m<h<3m$	两点法	0.2h、0.8h
	三点法	0.2h、0.6h、0.8h
$h>3m$	五点法	水面、0.2h、0.6h、0.8h、河底

平均流速（$\overline{V}$）用以下 4 种方法计算。

五点法：
$$\overline{V}=(V_0+3V_{0.2}+3V_{0.6}+2V_{0.8}+V_{1.0})/10$$

三点法：
$$\overline{V}=(V_{0.2}+2V_{0.6}+V_{0.8})/4$$

两点法：
$$\overline{V}=(V_{0.2}+V_{0.6})/2$$

一点法：
$$\overline{V}=V_{0.6} \text{ 或 } \overline{V}=V_{0.5}$$

4. 悬移质泥沙取样与处理

（1）取样。

人工取样：取样可以同水深测量和流速测量同步进行，在测速的同时在测速垂线上用取样器取泥水样，装入取样瓶，编号。

自动取样：在量水堰上安置泥沙自动取样器，设置泥沙取样器启动条件（降雨强度、水位变化），当降雨条件和水位变化条件满足后，泥沙取样器将自动按照一定的时间间隔取样。

（2）泥水样处理。取回的泥水样在室内进行过滤后、烘干，计算单位体积泥水样中泥沙的含量，也可以用比重瓶法进行测定。

（3）瞬时断面输沙率计算。

五点法：
$$\rho_m = (\rho_0 V_{0.0} + 3\rho_{0.2} V_{0.2} + 3\rho_{0.6} V_{0.6} + 2\rho_{0.8} V_{0.8} + \rho_{1.0} V_{1.0})/10V$$

三点法：
$$\rho_m = (\rho_{0.2} V_{0.2} + \rho_{0.6} V_{0.6} + \rho_{0.8} V_{0.8})/(V_{0.2} + V_{0.6} + V_{0.8})$$

两点法：
$$\rho_m = (\rho_{0.2} V_{0.2} + \rho_{0.8} V_{0.8})/(V_{0.2} + V_{0.8})$$

一点法：
$$\rho_m = k_1 \rho_{0.5} \text{ 或 } \rho_m = k_2 \rho_{0.6}$$

式中：ρ_m 为垂线平均含沙量，g/cm³；ρ_i 为相对水深处的含沙量，g/cm³；V_i 为相对水深处的流速，m/s；V 为垂线平均流速，m/s；k_1，k_2 为由试验测得的系数。

求得垂线平均含沙量后，可由下式计算断面输沙率：
$$\rho_s = \rho_{m1} Q_0 + (\rho_{m1} + \rho_{m2}) Q_1/2 + (\rho_{m2} + \rho_{m3}) Q_2/2 + \ldots + (\rho_{mn-1} + \rho_{mn}) Q_{n-1}/2 + \rho_m Q_n$$

式中：ρ_s 为断面输沙率；ρ_{mi} 为第 i 根垂线的平均含沙量；Q_i 为第 i 个部分断面的流量；Q_0 为第 1 根垂线左边至岸边间的部分流量；Q_n 为第 n 根垂线右边至岸边间的部分流量。

（4）输沙量计算。根据瞬时断面输沙率，将瞬时断面输沙率根据时间步长累加后得到某一时段的输沙量（表 4-9）。

表 4-9 量水建筑物测流记录表

小流域名称		地理坐标		地点		海拔/m	
小流域面积/km²		流域长度/m		流域平均坡度/（°）		形状系数	
沟壑密度/（km/km²）		沟道比降/%		林地面积/hm²		草地面积/hm²	
农地面积/hm²		园地面积/hm²		河道面积/hm²		道路面积/hm²	
土壤类型		土壤厚度/cm		母质		基岩	
量水建筑物类型		量水建筑物的长度×宽度×高度				水位流量公式	
降雨量/mm		5min 降雨强度/（mm/min）				10min 降雨强度/（mm/min）	
降雨历时/min		30min 降雨强度/（mm/min）				60min 降雨强度/（mm/min）	
总输沙量/kg		输沙模数/（t/km²）				最大含沙量/（g/cm³）	

续表

时间	水位/m	瞬时流量/(L/min)	时段流量/(L/min)	取样瓶	瓶重/g	瓶重+泥水重/g	取样体积/L	滤纸重/g	滤纸+干泥重/g	净泥率/%	时段输沙量/kg

悬移质泥沙的时段输沙量＝时段长×（时段初的断面输沙率＋时段末的输沙率）/2
悬移质泥沙的总输沙量＝时段输沙量之和
悬移质泥沙的输沙模数＝总输沙量/小流域面积

4.6.4 实验报告编写

实验报告的内容包括三方面：第一为监测流域基本情况论述，第二为监测方法论述，第三为径流量和输沙量的测定结果。

监测流域基本情况论述包括：地理位置、流域面积、流域长度、平均宽度、沟壑密度、形状系数、不对称系数、河道比降、土地利用现状图、植被分布图、基岩状况、土壤类型、水库塘坝分布、生产活动与工农业用水状况等对径流泥沙有影响的要素。

监测方法论述包括：测流方法、测流断面、量水堰结构、水位计的类型与精度、观测时段、流速仪型号与精度、泥沙取样方法与取样体积。

径流量和输沙量的测定结果包括：监测流域的降雨量、径流量、径流系数、洪峰流量、流量过程线、基流分割，监测流域的泥沙含量、输沙量、输沙过程线、输沙模数；分析降雨要素与径流的关系，探讨影响洪峰流量的主要降雨要素，分析流域输沙与降雨要素的关系以及影响流域输沙的主要因素。

4.7 水文站参观

水文站是观测河流、湖泊、水库等水体的水文状况的基本单位。水文站观测的水文要素包括水位、流速、流量、含沙量、水温、水质等，气象要素包括降水量、蒸发量、气温、湿度、气压和风等。

4.7.1 参观目的

水文站是观测河流水文要素的基本站点，通过参观水文站可以使学生认识水文站，掌握水文观测断面的选择和浮标测流方法，了解高架浮标投放索道的布设和测深垂线的布设；掌握水尺及观测井的布设方法与水位计的安装使用，了解水位流量关系曲线的应用及水文站泥沙测验的基本方法。

流量观测内容有流速、水深、风向、风力，流速测量方法有浮标法、流速仪法及超声波法，流速测量设备主要有吊箱、船、重铅鱼等。

4.7.2 参观过程

选择一个典型的水文站，聘请水文站的工作人员重点讲解水文站的选址原则、水文站的建站历史、水文的主要测流方法、水文站的水位流量关系曲线及使用情况、观测到的最大洪水资料、水位计的类型及使用中的注意事项、浮标测流的基本过程、水尺安装的基本要求、流速仪测流的方法及注意事项、泥沙测验的基本方法并展示泥沙取样器。

学生根据讲解进行浮标测流实验，根据水尺测定水位，利用流速仪进行流速测定。

浮标测流：在浮标投放断面投放浮标，当浮标流动到上断面时开始计时，当浮标流动到中断面（测量断面）时确定浮标到岸边的距离（起点距）以及水深，当浮标到下断面时计时结束，计算浮标从上断面到下断面所用时间 T，上、下断面的距离与浮标流动时间 T 的比值就是水流流速。重复投放多次浮标，根据每个浮标在中断面处与岸边的距离、水深和流速，绘制中断面处的水深、流速分布图，根据水深、流速分布图计算出断面流量，如图 4-3 所示。

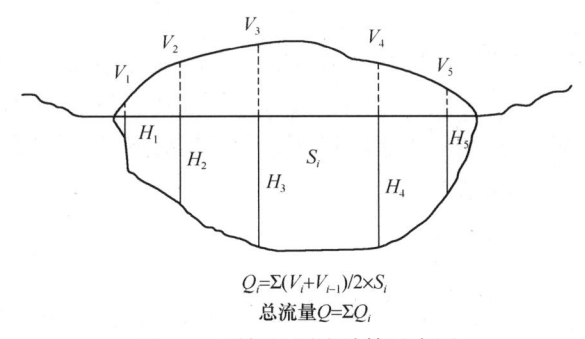

$$Q_i = \Sigma(V_i + V_{i-1})/2 \times S_i$$
$$总流量 Q = \Sigma Q_i$$

图 4-3 浮标法测流计算示意图

1. 测定水位

根据布设水文站的水尺，进行水位观测，进行水位观测时观测人员不能影响水流的正常流动，以防止水位的雍高。

2. 流速仪测流

将流速仪放置在河道不同位置以及不同水深处，进行流速的测定（表 4-10）。测定流速时观测人员不能影响水流的正常流动，因此放置流速仪时一定要离开观测人员一定距离。

表 4-10 浮标测流观测记录表

观测地点					观测点坐标				
河道比降/%					上下断面的间距/m				
浮标										
编号	1	2	3	4	5	6	7	8	9	10
时间										
水深/m										
起点距										
流速/（m/s）										
断面流量										

4.7.3 实验报告

实验报告的内容包括三方面：第一为水文站基本情况论述，第二为观测结果，第三为参观的感想。

水文站基本情况论述包括：水文站所在流域或河流的名称、地点、控制面积、水文站测流的方法、水文站的水位流量关系曲线、观测到的最大洪水情况、泥沙测验的方法及频次等。

观测结果包括：浮标测流的过程描述、浮标的种类、利用浮标法测流计算出的断面流量、浮标测流过程记录表。对比不同类型浮标的测流结果，确定浮标系数。观测河段的水位数据及变化过程。

参观的感想包括：对所参观水文站的看法，指出所参观水文站在测流中存在的问题，提出改进意见。

4.8 水文资料整编

水文站在外业测验中测取的资料是离散的、彼此独立的，甚至可能是错误的。所以，需要对测取的水文资料进行检验、整理、分析，并将其加工成系统、完整、可靠的水文资料，这就是水文资料的整编。水文资料整编主要是对河道流量资料进行整编，重点是对水位流量关系曲线进行高低水延长。

4.8.1 原始资料的审核

审核时应检查每支水尺使用的日期及零点调和是否正确，换读水尺时的水位是否衔接，抽检水位计算是否正确，审查水位的缺测、插补、改正是否妥当，日平均水位的计算及月、年极值的挑选是否有误，以及对断流情况处理是否合理等。当遇到水位缺测而未插补时，整编时应予以插补，插补方法主要有直线插补法、水位相关曲线法和水位过程线法等。

1. 直线插补法

当缺测期间的水位变化平缓，或虽有较大变化，但属单一上涨或下落时，可用此法。缺测日期的水位为

$$Z_i = Z_1 + i \cdot \Delta Z \quad (i = 1, 2, \cdots, n)$$

式中：Z_1 为缺测阶段前一日的水位；i 为缺测天数；ΔZ 为每日插补的水位差值。

2. 水位相关曲线法

若缺测期间水位变化较大，跨越峰、谷，且当本站水位与邻站水位有相关关系时，可点绘水位关系线，用邻站水位插补本站水位。

3. 水位过程线法

当缺测期间水位有起伏变化，上下站间区间径流增减不多，且水位过程又大致相似时，可用此法。制作时，将本站与邻站的水位绘在同一张、同一坐标的过程线纸上，缺测期间的水位参照邻近站的水位过程线趋势，勾绘出本站水位过程线，从而在过程线上

查读缺测日期的水位。

4.8.2 河道流量资料整编

河道流量资料整编的内容一般包括：水位流量、水位面积和水位流速关系曲线的绘制，低水放大图的绘制，编辑推流时段表，绘制逐时水位过程线，突出点的检查分析、定线，编制水位流量关系推流表，以及水位流量关系曲线的高低水延长等。由于实验时间的限制，本实验重点放在水位流量关系曲线的绘制与延长上。

1. 水位流量关系曲线的确定

绘制水位流量关系曲线时，应在同一张方格纸上，以水位为纵坐标，依次以流量、面积、流速为横坐标，点绘实测点。纵横比例尺要选取1、2、5的10的整数倍（即1∶10，1∶20，1∶50），以方便读图；根据图纸的大小及水位、流量、面积、流速的变幅确定合理的比例，使各曲线分别与横轴大致成45°、60°、60°的夹角，并使三线互不相交。为了便于分析测点的走向变化，应在每个测点的右上角或同一水平线以外的一定位置，注明测点序号。测流方法不同的测点，用不同的符号表示（0表示流速仪法测得的点子；△表示浮标法测得的点子；▽表示深水浮标法或浮杆法测得的点子；×表示用水力学法推算的或上年末、下年初的接头点子）。水位流量关系曲线的确定方法有多种，这里仅实习2种：单一曲线法和连时序法。

（1）单一曲线法。测站控制良好，各级水位流量关系都保持稳定，关系点子密集成带状，无明显系统偏离，可通过点群中心，绘制一条单一水位流量（面积、流速）关系曲线。

（2）连时序法。受单因素或混合因素影响的水位流量关系可用连时序法勾绘水位流量关系曲线。此法需先作出逐时水位过程线，参照水位过程线，按照实测流量点的先后顺序，勾绘水位流量关系曲线、水位面积关系曲线。当连时序为绳套曲线时，其绳套顶部和底部应分别与相应洪峰的峰顶和峰谷相切。当关系曲线定好并标出线号后，即可用逐时水位直接在相应时段的曲线上查读流量。

2. 水位流量关系曲线的高低水延长

测站测流时，由于施测条件限制或其他原因，缺测或漏测最高水位或最低水位的流量。在这种情况下，需将水位流量关系曲线作高、低水部分的外延，才能得到完整的流量过程。规范要求，高水延长不得超过当年实测流量所占水位变幅的30%，低水延长不得超过10%，如超过此限度，至少要用两种方法延长，作对比验证，并在有关成果表中对延长的根据作出说明。

（1）水位流量关系曲线的高水延长。在断面冲淤变化不大时，一般可用水位面积、水位流速关系曲线法及水力学公式法延长；历年水位流量关系比较稳定时，可参考邻近年份的曲线趋势延长；有历史洪水调查资料时，可参考历史资料进行延长；如果断面变化剧烈，峰前峰后实测大断面不能代表高水断面而延长困难时，可借用上下游站的实测流量资料来延长。此次实验主要练习用水位面积、水位流速关系曲线法及水力学公式法高水延长。

A. 利用水位面积、水位流速关系曲线高水延长在测验河段顺直、河床稳定、面积冲淤变化不大的情况下，水位面积、水位流速测点往往比较密集，关系曲线稳定且有明显的趋势。延长时，可根据实测大断面资料，将中、低水实测的 Z-A 曲线延长至所需要的最高水位。水位流速关系曲线的高水部分，当河槽为单式时，水位流速关系曲线为一条以纵轴为渐近线的曲线，可利用这一特性顺势延长实测的 Z-V 关系曲线。然后由水位在 Z-A、Z-V 曲线上查出面积和流速，两者相乘得流量，点绘在 Z-Q 关系曲线图上，从而可以依据这些测点向上延长水位流量关系曲线。

B. 水力学公式法延长此法实质上与上法相同，只是在延长 Z-V 曲线时，要利用水力学公式计算出需要延长部分的 V 值。最常见的是用曼宁公式计算出需要延长部分的 V 值，并用平均水深代替水力半径 R。由于大断面资料已知，因此关键在于确定高水时的河床糙率 n 和水面比降 I，这种方法分两种情况，有高水比降资料和无高水比降资料。

高水有比降资料时，只需确定高水时的河床糙率 n 值。可利用中低水的 Z-n 曲线，查出高水时的 n 值，代入曼宁公式，计算出高水时的 V 和 Q，点绘在 Z-Q、Z-V 关系曲线图上，即可依据这些测点向上延长 Z-Q、Z-V 关系曲线。

高水无比降资料时，可利用实测流量资料，点绘 Z-$(1/n)S^{1/2}$ 曲线。一般当测验河段顺直、断面稳定、河底坡度平缓时，高水的 $(1/n)S^{1/2}$ 接近一个常数，故可顺趋势沿平行于纵轴的方向，向上延长 Z-$(1/n)S^{1/2}$ 曲线。然后用实测断面结合大断面资料，计算各级水位的 $AR^{2/3}$ 值，并点绘 Z-$AR^{2/3}$ 曲线至高水部分。高水延长范围内按不同水位分别在 Z-$(1/n)S^{1/2}$ 曲线和 Z-$(1/n)S^{1/2}$ 曲线上查取 $(1/n)S^{1/2}$ 值和 $AR^{2/3}$ 值，相乘得流量，从而可以延长 Z-Q 曲线。

（2）水位流量关系曲线的低水延长。低水延长常采用断流水位法。所谓断流水位，是指流量为零时的水位，一般情况下断流水位的水深为零。此法关键在于如何确定断流水位，最好的办法是根据测点纵横断面资料确定。当没有条件时，可用分析法确定断流水位。假定水位流量关系曲线为单一抛物线形，方程式为

$$Q = K(Z-Z_0)^n$$

式中：Z_0 为断流水位；K，n 为参数。

在水位流量关系曲线的中低水弯曲部分顺序取 a、b、c 三个点，使三点的流量满足：

$$Q_b^2 = Q_a Q_c$$

则：$k^2(Z_b-Z_0)^{2n} = K^2(Z_a-Z_0)^n(Z_c-Z_0)^n$

可解得断流水位为

$$Z_0 = \frac{Z_a Z_c - Z_b^2}{Z_a + Z_c - 2Z_b}$$

求得断流水位后，以坐标 (Z_0, 0) 为控制点，将水位流量关系曲线向下延长至当年最低水位。

3. 水文资料参考

（1）插补水文资料。表 4-11 是某水文站 1955 年 1 月和 2 月的水位观测资料，教师可选择若干水位观测值为空缺，指导学生用直线插补法插补空缺水位。

表 4-11　×××水文站日平均水位观测值

日期	水位/m	日期	水位/m
1955-1-1	21.78	1955-1-31	24.30
1955-1-2	22.41	1955-2-1	23.91
1955-1-3	22.86	1955-2-2	23.55
1955-1-4	23.42	1955-2-3	23.22
1955-1-5	23.79	1955-2-4	22.94
1955-1-6	24.03	1955-2-5	22.72
1955-1-7	24.10	1955-2-6	22.55
1955-1-8	24.13	1955-2-7	22.39
1955-1-9	24.16	1955-2-8	22.24
1955-1-10	24.19	1955-2-9	22.17
1955-1-11	24.08	1955-2-10	22.22
1955-1-12	23.91	1955-2-11	22.31
1955-1-13	23.71	1955-2-12	22.39
1955-1-14	23.52	1955-2-13	22.51
1955-1-15	23.40	1955-2-14	22.62
1955-1-16	23.33	1955-2-15	22.70
1955-1-17	23.34	1955-2-16	22.75
1955-1-18	23.31	1955-2-17	22.72
1955-1-19	23.22	1955-2-18	22.63
1955-1-20	23.18	1955-2-19	22.53
1955-1-21	23.37	1955-2-20	22.39
1955-1-22	23.97	1955-2-21	22.31
1955-1-23	24.93	1955-2-22	22.30
1955-1-24	25.88	1955-2-23	22.23
1955-1-25	26.20	1955-2-24	22.13
1955-1-26	26.30	1955-2-25	22.02
1955-1-27	25.91	1955-2-26	21.92
1955-1-28	25.50	1955-2-27	21.85
1955-1-29	25.11	1955-2-28	21.80
1955-1-30	24.71		

（2）水位流量关系曲线的确定与延长水文资料。表 4-12 为某水文站日平均水位和相应日平均流量观测值，教师可选取部分水位流量观测数据指导学生练习用连时序法确定水位流量关系曲线、水位流量关系曲线的高低水延长。

表 4-12　×××水文站日平均水位和日平均流量观测值

日期	流量/(m³/s)	水位/m	日期	流量/(m³/s)	水位/m
1952-7-1	31.9	20.60	1952-8-4	117.5	21.36
1952-7-2	30.0	20.58	1952-8-5	109.1	21.29
1952-7-3	34.3	20.62	1952-8-6	107.6	21.28
1952-7-4	53.8	20.80	1952-8-7	132.2	21.38
1952-7-5	76.2	21.00	1952-8-8	232.0	22.10
1952-7-6	97.1	21.18	1952-8-9	219.0	22.13
1952-7-7	142.9	21.48	1952-8-10	192.0	21.93
1952-7-8	208.0	21.86	1952-8-11	170.0	21.75
1952-7-9	340.0	22.63	1952-8-12	167.5	21.62
1952-7-10	367.0	23.03	1952-8-13	231.0	21.84
1952-7-11	317.5	22.91	1952-8-14	331.9	22.58
1952-7-12	282.2	22.56	1952-8-15	405.0	23.07
1952-7-13	226.8	22.21	1952-8-16	485.0	23.40
1952-7-14	194.5	21.95	1952-8-17	465.0	23.65
1952-7-15	169.1	21.75	1952-8-18	435.2	23.61
1952-7-16	148.0	21.58	1952-8-19	391.8	23.39
1952-7-17	138.9	21.51	1952-8-20	343.0	23.09
1952-7-18	126.3	21.42	1952-8-21	301.0	22.79
1952-7-19	112.8	21.32	1952-8-22	256.5	22.46
1952-7-20	100.5	21.23	1952-8-23	332.0	22.50
1952-7-21	90.7	21.15	1952-8-24	768.0	23.39
1952-7-22	82.3	21.07	1952-8-25	1 293.5	25.55
1952-7-23	76.1	21.01	1952-8-26	1 348.0	26.74
1952-7-24	73.3	20.96	1952-8-27	1 318.0	26.93
1952-7-25	99.3	21.19	1952-8-28	1 135.0	26.78
1952-7-26	154.2	21.56	1952-8-29	1 302.0	26.81
1952-7-27	182.4	21.81	1952-8-30	1 478.0	27.22
1952-7-28	177.8	21.78	1952-8-31	1 610.0	27.57
1952-7-29	182.5	21.80	1952-9-1	1 722.0	27.83
1952-7-30	187.0	21.84	1952-9-2	1 515.0	27.93
1952-7-31	182.0	21.82	1952-9-3	1 220.0	27.78
1952-8-1	172.6	21.76	1952-9-4	1 070.0	27.46
1952-8-2	158.7	21.66	1952-9-5	981.0	27.15
1952-8-3	139.6	21.52	1952-9-6	920.0	26.85

续表

日期	流量/(m³/s)	水位/m	日期	流量/(m³/s)	水位/m
1952-9-7	1 141.0	26.66	1952-9-19	1 270.0	26.43
1952-9-8	1 354.0	26.79	1952-9-20	1 350.0	26.92
1952-9-9	1 373.0	27.23	1952-9-21	1 240.0	27.17
1952-9-10	1 488.0	27.43	1952-9-22	1 180.0	27.08
1952-9-11	1 304.0	27.40	1952-9-23	1 088.0	26.81
1952-9-12	1 373.0	27.23	1952-9-24	1 006.0	26.48
1952-9-13	1 192.0	27.11	1952-9-25	1 103.0	26.34
1952-9-14	1 187.0	27.09	1952-9-26	1 272.0	26.64
1952-9-15	1 160.0	27.00	1952-9-27	1 229.0	26.93
1952-9-16	1 110.0	26.81	1952-9-28	1 013.0	26.78
1952-9-17	1 120.0	26.61	1952-9-29	789.0	26.26
1952-9-18	1 053.0	26.39	1952-9-30	750.0	25.73

4.8.3 实验报告要求

1. 实验报告总体要求

实验报告字数在 4000～6000 为宜，封面应该包含课程名称、指导教师、学生姓名、学生学号和写作日期，要求统一使用 A4 纸打印稿，统一左侧装订。

2. 实验报告写作要求

报告正文应包括实验目的、实验时间、实验地点、实验内容、实验体会等五部分内容。具体可参照以下提纲写作。

一、实验目的

二、实验时间

三、实验地点

四、实验内容

（1）×××水文站概况。

（2）水文观测。本部分内容应包括水文站的全部观测项目，如水位观测、流量观测、降雨观测等。

（3）水文资料整编。因时间限制，只训练水位-流量关系曲线的确定、延长和插补水文资料。要求说明整编方法，并利用本教程所提供数据列出整编成果。

（4）水资源实验。要求说明水资源资料的收集途径、水资源的评价方法。查阅资料，针对全国或某一区域，了解水资源概况、存在的矛盾及解决办法。

五、实验体会

本部分内容要求根据实验内容，实事求是地写出自己的实验体会，如对我国水文观测现状的看法、我国（或部分地区）水资源问题的看法、学习这门课的心得体会等。不得抄袭，且作为实验报告给分的依据之一。

第 5 章 综合因子类实验

5.1 小流域水土保持监测

5.1.1 实验目的

水土保持监测实验要求学生从保护水土资源和维护良好生态环境出发，运用地面监测、遥感、全球定位系统、地理信息系统等多种信息获取和处理手段，对水土保持的成因、数量、强度、影响范围、危害及其防治效果进行动态监测和评估，此为水土保持预防监督和治理工作的基础。

鉴于专业综合实验的时间限制和全国大多数地方水土保持监测实施的建设情况，主要安排对坡面径流泥沙的观测和水土保持措施实施效果计算分析两部分。水土保持监测实验各个学校要充分利用水利部门已挂牌建设的水利部水土保持科技示范园，发挥其水土保持科技示范作用，利用其完善的水土保持监测设施，进行参观、数据收集和实际操作。

5.1.2 坡面侵蚀观测

坡面侵蚀观测使用的主要方法是坡面径流小区布设和径流泥沙取样与计算分析等。

1. 坡面径流小区布设

标准坡面径流小区的水平投影面积为 5m×20m。小区顺坡设置，垂直投影宽度和长度分别为 5m 和 20m。小区一般用 24cm 单砖或预制混凝土板相互隔开，小区上方设排水渠，以防止上方来水进入小区。在小区修建过程中，要尽量保持小区内的原始状态，埋设隔砖或预制板时把沟槽内外挖出的松散土堆在小区外侧，内外侧填土时要填实，以防止小区内流失的土壤和径流进入。小区下方用水泥抹面修筑集流槽，使径流和泥沙通过集流槽汇入集流池，集流池 1m×1m×1m 见方。

根据当地的多年平均降水情况和时段降雨强度等特征条件，径流泥沙可采用二分法、四分法或分水箱进行分流观测，1/2、3/4 或 8/9 出径流池外，1/2、1/4 或 1/9 在径流池进行径流量算和泥沙取样。小区左右两边各留出至少 1m 的小区保护带（图 5-1）。小区建成后，对小区内的植被、土壤及小区所在位

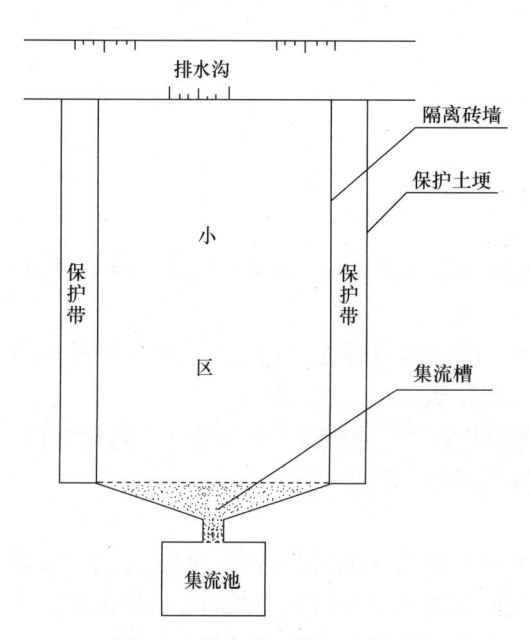

图 5-1 径流小区设置示意图

置的地貌部位等自然情况进行调查。

2. 径流小区基本情况调查

径流小区的调查与记载内容，主要有自然条件，包括地形、面积、地表处理、土壤性质等。

记录小区地貌部位、坡度、坡形、坡向及所包含的微地形特征和地表粗糙度。小区面积还包括小区的长和宽或者不规则形状的记录、范围和面积等。

地表处理情况的调查与记载，如果是林草地，要观测树种（草）主要组成、龄级、密度、郁闭度（盖度）及层次结构等特征。如果是农耕地，要观测作物种植及种植制度、生长及产量、施肥、耕作管理，尤其是水土保持耕作管理更应详细量测等。如果是园地，应将配置方式、经营管理、组成处理、时序变化等详细情况进行调查和记载。

土壤情况调查与观测应包括土属土种定名及土壤性质，主要内容有土壤剖面层次结构、机械组成、容量、孔隙度、团粒含量等物理性质和土壤pH，有机质，氮、磷、钾含量，盐基代换量等化学性质。

径流泥沙取样与计算每次产流后，测定集流池水面深度，计算产流量。泥沙观测在每次产流后取样，取样方法是把集流槽中的洪水搅匀后，取满3个标准取样容器。

置换法是测定泥沙含量最简单的方法之一。首先测定泥沙的比重，取烘干的泥沙样约40g放入100cm³的比重瓶内，加蒸馏水到瓶颈上一定刻度，称重。煮沸10min以上，使空气排出，待比重瓶冷至室温后，再加蒸馏水，进行称重。每种沙样重复测验3次，按式（5-1）计算各泥沙比重，取平均值作为泥沙比重，按式（5-2）计算各小区的泥沙重。

$$\gamma_s = W_s \gamma_w / (W_s + W_w - W_{ws}) \tag{5-1}$$

$$W = \gamma_s (W_{ws} - W_w) / (\gamma_s - \gamma_w) \tag{5-2}$$

式中：γ_s 为泥沙比重，g/cm³；W_s 为烘干沙样重，g；γ_w 为水的比重，g/cm³；W_w 为清水重，g；W_{ws} 为泥水重，g；W 为泥沙重，g。

5.1.3 水土保持措施效益计算

某一地区或某一流域实施综合治理措施后，其总体水土保持效益计算方法主要有保水法、水文法和流域对比法等。

1. 保水法

保水法是应用水土保持单项措施来综合计算流域的蓄水保土效益的方法。该方法假定流域水土保持措施减流、减沙总量等于各单项水土保持措施减流、减沙量之和。它以实验和调查资料为依据，计算简单，应用方便。

流域实施治理后减沙、蓄水量计算式（5-3）、（5-4）：

$$W_w = W_{wb} + W_{wg} = \sum (M_{wbi} A_i I_{wi}) + \sum (V_{wgi} a_i) \tag{5-3}$$

$$W_s = W_{sb} + W_{sg} = \sum (M_{sbi} A_i I_{si}) + \sum (V_{sgi} a_i) \tag{5-4}$$

式中：W_w、W_s 分别为流域实施治理后的蓄水、减沙总量，g；W_{wb}、W_{sb} 分别为流域实施治理后坡面各种工程措施蓄水、减沙总量，g；W_{wg}、W_{sg} 分别为流域实施治理后沟谷各种治理措施蓄水、减沙总量，g；M_{wbi}、W_{sbi} 分别为坡面某项工程措施实施前的径流模数、侵蚀模数，t/（km²·年）；A_i 为坡面治理各项措施实施的面积，km²；I_{wi}、I_{si} 分别为坡面某项治理措施的减流、减沙系数；V_{wgi}、V_{sgi}分别为沟谷某项工程措施的平均蓄水拦淤体积，m^3；a_i为沟谷某项治理措施的数量。

流域实施治理前总径流量、产沙量计算通常有实测资料法、查图法、调查法。

（1）水土保持效益计算方法。

A. 实测资料法和查图法。实测资料法是通过治理前流域内多年实测资料（一般在15年以上），统计计算出多年平均产流量和产沙量。若此法所计算出的产沙量仅包括悬移质，可用推悬比求出堆移质的数量，两者相加即为流域的总产沙量（假定输移比为1∶1）。

查图法是根据流域自然情况和水土流失情况，划分出不同的水土流失类型区，然后在有关的径流模数图或输沙模数图上查出各分区的径流模数、输沙模数，由此乘以相应的面积即得分区的径流量和输沙量，各分区相加即得全流域的多年平均年径流总量和产沙总量。

B. 野外调查法。野外调查法是根据流量多年平均径流量可通过流域内控制性工程或附近河流的工程观测资料来推算。流域多年平均输沙量是通过对流域内或相似流域建成多年的坝库进行泥沙淤积量测定，经计算得到的，可用公式（5-5）计算而得。

$$W_{sb} = \frac{V_r}{N} \times \frac{A}{A_0} \tag{5-5}$$

式中：V为坝库多年淤积总量，m^3；r为淤积物的容重，t/m^3；N为淤积年限；A为欲求算的流域面积，km^2；A_0为坝库所在流域工程控制面积，km^2。

当坝库有排沙情况是，可调查排沙量，计入坝库淤量内。

（2）流域实施治理后蓄水、减少及削峰及削峰效率计算。

A. 蓄水、减沙效率计算。流域水土保持措施的蓄水、减沙效率计算如式（5-6）和式（5-7）所示。

$$\eta_w = \frac{\Delta W_w}{W_w} \times \left(\frac{H_n}{H_{cp}}\right)^n \times 100\% \tag{5-6}$$

$$\eta_s = \frac{\Delta W_s}{W_s} \times \left(\frac{H_n}{H_{cp}}\right)^n \times 100\% \tag{5-7}$$

式中：η_w、η_s分别为蓄水、减少效率；ΔW_w、ΔW_s分别为流域治理后各项措施蓄水、拦沙总量，m^3；W_w、W_s分别为流域治理前的年径流量和年产沙量，m^3；H_n为流域治理后某年汛期降雨量，可用流域内或附近流域的某年汛期降雨量计算，mm；H_{cp}为治理前多年汛期平均降雨量，可用流域内或附近流域的逐年汛期降雨量平均求得，mm；n为年径流量、年土壤流失量于汛期降雨量的相关指数可采用当地实际分析值。

B. 削峰效率计算。削峰效率（η_h）是指在相同暴雨量条件下，治理措施削减的洪峰流量值与治理前洪峰流量的比例，计算过程如式（5-8）所示。

$$\eta_h = \frac{Q_m - Q}{Q_m} \times 100\% \tag{5-8}$$

式中：Q_m、Q分别为治理前、治理后的洪峰流量，m^3/s。

2. 水文法

水文法又称为水文统计相关法，它以水文站或径流站等实测的降雨、径流和泥沙资料为依据，用统计相关分析的方法建立降雨径流、降雨输沙或径流输沙之间的一个或若干个定量额相关关系，并利用这些相关关系计算某一时期治理流域在天然状态下的产流产沙量，与同一时期实测径流泥沙量相比，来计算全流域实施水土保持治理后的蓄水、减沙效率方法。该方法以实测资料为基础，所以资料系列越长，分析精度越高。水文法的优点是简单易用，对同一流域使用效果较好，计算结果反映的是水土保持减水减沙综合效益。根据资料系列的长短，水文法又有两种途径。

（1）相关分析法。当具有较长系列的水文资料时，首先根据该流域在未治理前的降水、径流和泥沙资料，分别建立径流降雨和产沙径流的相关关系，然后用此关系，对已实施治理后的流域降雨资料计算，求得该流域在相同降雨而未治理的情况下的径流量和产沙量。由此，与实施治理后相应年份实测径流量、产沙量比较，得到治理措施的蓄水、减沙效率及削洪效率。

（2）水文系列对比法。当水文资料系列较短时，可用该流域实施治理前后的降雨或暴雨性质相似的两列实测资料直接比较，然后再用降水指标进行校正，以此推算出治理措施的蓄水、减沙及削洪效益。

3. 流域对比法

流域对比法是对两个相似流域进行横向分析对比，即对已实施治理的流域和邻近自然条件相似的未治理流域实测径流与输沙量进行对比计算，经过用两流域的面积和降雨校正，最后分析计算得出已治理流域的减洪、减沙效益。计算过程如式（5-9）和式（5-10）所示。

$$\Delta W_\mathrm{s} = \beta W_\mathrm{s} - W_\mathrm{s}' = \frac{P'A'}{PA}W_\mathrm{s} - W_\mathrm{s}' \qquad (5-9)$$

$$\Delta W_\mathrm{w} = \beta W_\mathrm{w} - W_\mathrm{w}' = \frac{P'A'}{PA}W_\mathrm{w} - W_\mathrm{w}' \qquad (5-10)$$

式中：ΔW_s、ΔW_w 分别为实施水土保持治理流域的减沙、减洪量，kg；β 为考虑到两流域在面积、降水不同时的校正系数，W_s、W_w、P、A 分别为未治理和治理后流域的产沙量（kg）、产和治理后流量（m³）、降水量（mm）、面积（km²），W_s'、W_w'、P'、A' 分别为实施水土保持治理流域的产沙量（kg）、产流量（m³）、降水量（mm）、面积（km²）。

除上述方法外，某一地区或某一流域实施综合治理措施后，蓄水保土效益的计算方法还有模型法、地区经验公式法和地质地貌法等。

5.1.4　实验报告

根据实验条件和实验内容，自拟题目完成实验报告。坡面侵蚀观测部分主要分析不同措施类型、不同地面坡面条件下产流产沙量的对比。水土保持措施实施效果计算，选择一种方法计算分析水土保持措施实施后的调水保土效果，编写提纲参见中华人民共和国水利行业标准《水土保持监测技术规程》（SL277—2002）。

5.2　土地利用现状调查

5.2.1　实验目的

土地利用调查又称土地资源数量调查。土地利用是人类根据自身需要和土地的特性，对土地资源进行的多种形式的利用。土地利用现状是土地资源的自然属性和经济特性的深刻反映。土地利用现状调查是反映土地开发、整治和保护现状的调查。土地利用现状依据一定的土地利用分类标准，运用测绘、遥感等技术查清各类现状用地数量、质量、分布、空间组合以及它们之间的相互关系。现状调查是土地利用分析的基础，是土地利用规划的前期准备。

通过实验，掌握土地利用现状调查的工作程序、调查方法、分析方法；掌握土地利用分类标准及现状图的编制程序；编写调查报告，分析土地利用的经验教训，提出合理利用土地的建议。

5.2.2 实验步骤

1. 准备工作

（1）收集、整理和分析需要调查区域的各种专业图件、数字与文字资料、工作底图（包括地形图、航空相片等）。底图主要是近期地形图与航空相片，比例尺最好用 1：10 000，一般 1：25 000。调查区域有关的行政区划、地质地貌、水利、交通、农林牧等方面的图件和文字资料；调查区域的社会经济资料，如人口、劳动力、各种用地的统计数据、生产和经济状况及经济开发规划等。同时，对收集到的各种资料进行整理和分析，以供调查时使用。

（2）熟悉《土地利用现状分类》（GB/T21010—2007），掌握 12 类一级类土地含义，了解 57 类二级类土地的含义。熟悉各种地类的图例标识。

（3）仪器设备的准备：常规仪器设备有罗盘仪、钢卷尺、测绳、立体镜、放大镜、图片夹、复式比例尺、圆规、全站仪、GPS 定位仪、照相机等。还需准备相应的文具，如透明方格纸、绘图透明纸、绘图笔、透明胶带、专用野外记录簿等。

2. 外业工作

（1）选择一个行政区（如一个乡镇）或一条小流域进行具体调查。

（2）根据全国统一的《土地利用现状分类》（GB/T21010—2007）进行地类调绘，并根据各个地类在航空相片上的表现逐块进行解译和填图。

调绘的精度要求：最小图斑按《土地利用现状调查技术规程》要求，如以 1：10 000 地形图作底图，耕地、园地为 6.0mm^2，林地、草地为 15.0mm^2，居民点为 4mm^2；明显的地物界限在 1：10 000 比例尺图上位移不大于 0.3mm，不明显地物的界限图上位移不大于 1.0mm。

（3）实测地物：选择明显的地物（如河流、山脉、沟谷、居民点等）进行实地调查，并在图上进行勾绘，特别是调绘底图上变化的新增地物需进行补测。地物补测一般采用截距法、距离交汇法、直角坐标或极坐标法。

（4）填写外业调查簿：记录各种土地利用的类型、面积、有关补测的地物，包括土地利用中有争议的分类及存在的问题。

3. 内业工作

（1）航片转绘：常用的方法是用航片转绘仪，将调绘航片上的图斑及图斑注记纠正转绘到所要求的一定比例尺的地形图上。要求转绘对点误差一般不大于 0.5mm，最大误差不超过 0.8mm；相邻航片、图幅、高程带间的接边误差，一般不大于《土地利用现状调查技术规程》所允许的最大误差。

（2）面积量算工作：包括面积量算和统计汇总，具体内容包括精确地计算每个图斑的面积，按地类、权属进行整理和逐类汇总统计。面积统计按行政区划统计和按地类分级统计。编制各类土地面积统计和土地总面积汇总平衡表。

（3）编制成果图件：我国县级土地利用现状调查要求完成土地利用现状图和权属界限图。图件比例尺一般要求乡级 1∶10 000～1∶25 000，县级可用 1∶25 000～1∶50 000。图件要求按《土地利用现状调查技术规程》分类着色、标注符号，并标注图例、比例尺等。

（4）编写调查报告：土地利用现状调查报告一般有两种，一种为工作报告，主要从组织管理角度对开展土地利用调查的情况、调查形成的结果和取得的经验作出报告；另一种为技术报告，主要从技术角度总结土地利用现状调查的成果，包括调查区的自然、经济和社会概况，调查的工作过程及经验，调查的技术和方法，调查成果及质量，土地利用的经验、存在的问题，合理利用土地的建议等。

5.2.3　数据整理与分析

（1）土地利用的结构和布局。根据土地利用现状调查结果，填写土地利用现状外业调查记载表（表 5-1）、土地利用现状分布统计（表 5-2）。分别对 12 类一级类土地分布特点进行总结。

表 5-1　土地利用现状外业调查记载表

地类名称	地类符号	权属	临时图斑号	土地利用状况	线状地物				零星地类				备注
					名称	实宽/m	长度/m	面积/hm²	名称	符号	权属	面积/hm²	
													1. 线状地物的宽度变化大时应分段实地丈量：其长度在地形图或影像平面图上量取 2. 零星地类记载小于地形图上最小图斑面积的各种地类 3. 土地利用状况各地可根据实际需要填写，如作物种植状况、耕作制度、灌溉方式、植被、地貌等

表 5-2　土地利用现状分布统计表

土地利用类型	面积/hm²	占土地总面积的比例/%	二级类土地的面积/hm²	二级类土地占土地总面积的比例/%
耕地				
园地				
林地				
草地				

续表

土地利用类型	面积/hm²	占土地总面积的比例/%	二级类土地的面积/hm²	二级类土地占土地总面积的比例/%
商服用地				
工矿仓储用地				
住宅用地				
公共管理与服务用地				
特殊用地				
交通运输用地				
水域及水利设施用地				
其他用地				

（2）规划实施期间土地利用动态变化分析 在现状调查数据的基础上，利用历史资料和现有调查数据进行对比，分析比较年期间的土地变化情况及特点。

5.3 小流域水土流失综合防治措施调查

小流域水土流失综合防治措施调查是训练学生对水土保持措施体系、布局等概念的建立和认识，其着重点在小流域自然因素造成水土流失防治措施方面。

5.3.1 实验目的

通过实验，使学生进一步理解和掌握水土流失综合防治措施体系的组成，针对不同土壤侵蚀特点的小流域尺度水土保持措施布局，以及坡面防治措施、沟道防治措施的布置思路，水土保持工程措施、植物措施和农业措施的互补等关系，同时了解水土保持效益评价、小流域治理验收标准和要求等。

5.3.2 实验设计

本部分实验一般在1周左右完成，野外调查分组进行，调查成果组内共享，实验报告每位同学单独完成。

野外调查约3人一组，收集小流域综合治理初步设计、比例尺1∶10 000的水土保持措施平面布置图1份，调查表格1套，量测卷尺、皮尺各1个，填图、记录用文具等。

1. 野外工作

首先，选择经过国家或地方专项经费支持治理、具有设计资料、面积在10km²左右，且治理效果较好、措施类型齐全、布局合理、具有典型性和代表性的小流域。

其次，在1∶10 000初步设计措施布局图上，按措施类型编号填图，记录典型措施的特征数据，如植物措施的物种组成、混交模式、整地规格，工程措施的断面尺寸等（表5-3和表5-4）。

表 5-3　小流域综合治理措施调查登记表

编号	措施类型	布设部位	防治效果现场评价	与其他措施衔接关系	备注

表 5-4　小流域综合治理典型措施调查表

植物措施

编号	部位	物种组成、混交模式	整地规格	防治效果	面积/m²

工程措施

编号	沟道在小流域位置	措施布设位置	断面尺寸	防治效果	措施数量

农业措施

编号	措施部位	措施描述	效果描述	面积/m²

最后，观察记录小流域水土保持措施布局特点，总结不同措施的配置模式，画出草图。观察不同类型措施的完整程度、运行情况、水土流失防治效果等。

2. 室内工作

野外工作告一段落后，开始进行资料的整理与分析。

野外调查图扫描后，利用 GIS 工具进行面状植物措施、农业措施的面积量算，按评价治理效益类型统计工程措施的数量，从不同角度评价水土保持措施实施效果，根据国际效益评价方法、国际验收办法及达标情况等。

5.3.3 实验报告撰写

实验报告基本上是按论文格式撰写，以下"小流域水土流失综合防治措施布局与效益评价"大纲格式供参考。

题目：实验报告的题目可自拟，但要涵盖实验主要内容。

摘要：应具有独立性并涵盖论文主要内容，一般论文完稿后写摘要。

关键词：应涵盖论文核心内容的规范术语，一般 3~5 个。

引言：是写论文最前面的一段话，主要包括研究内容、目的意义等。

小流域概括：主要内容包括地理位置、地质地貌及地形状况、气候、土壤、植被、河流水文、水土流失和水土保持现状等。这部分内容主要是根据收集到的资料和自己的观察撰写，宜简洁，与论文无关的内容不罗列。

小流域水土保持措施布局：主要内容包括措施体系的构成及分布特点、坡面治理措施、沟道治理措施等。这部分是报告的核心内容，应重点关注。首先要搞清楚小流域有哪些水土流失防治措施，措施类型都要齐全不能遗漏。然后总结这些措施的布局特点，主要考虑不同地貌部位针对不同土壤侵蚀特点的措施，重点研究不同土壤侵蚀类型、形式和形态分别用哪些措施来进行治理，措施之间怎样衔接，不同措施之间起到怎样的互补和叠加效果。

坡面治理措施：主要内容包括坡面治理措施的特点，不同措施起到什么作用，详细调查具体措施的规模、形式等。植物措施关注不同立地条件下的物种组成、混交方式、整地规格、抚育方法等；坡面工程措施主要是关注田间工程、小型蓄引排水工程的布设位置、主要功能、断面尺寸等；农业措施关注措施类型、不同措施的作用等。

沟道治理措施：主要内容包括按沟道分级关系，调查和分析上下游、左右岸支毛沟与主干沟系统的不同措施类型、形式、构建、断面尺寸作用等。

小流域水土办、小流域水土保持措施效益分析与治理达标评价：主要内容包括治理效益和达标评价等。治理效益评价部分内容主要包括按《水土保持综合治理效益计算方法》（GB/T15774—2008）的指标体系，选择其中的代表性指标对小流域综合治理实施后的水土保持效益进行半定量和定性评价。治理达标评价内容应按《水土保持综合治理验收规范》（GB/T15773—2008），选择其中主要指标，根据项目的来源和资金渠道以及验收标准评价治理达标情况。

结语：主要是对论文的核心内容进行归纳，也可对实验的体会收获进行总结。

参考文献：根据一般要求列出所参考的文献。

5.4 开发建设项目水土保持调查

开发建设项目造成的主要是由人为活动干扰与破坏产生的水土流失问题，重点认识发生及治理措施特点，注重对人为活动导致的水土流失及综合防治措施的实践锻炼。可根据教学条件选择其中一个或几个内容进行。

5.4.1 实验目的

要求学生主要理解和识别开发建设项目水土流失特点，甄别开发建设项目人为水土流失与自然条件下水土流失的差异，识别开发建设项目水土流失保持措施的构成和特点，甄别开发建设项目水土保持措施与小流域治理水土保持措施的差异。

5.4.2 实验设计

本部分实验的野外调查分组进行，调查成果组内共享，实验报告每位同学单独完成。一般情况下野外调查 5 人左右一组，每组准备选定开发建设项目 1∶1000 比例尺或更大比例尺水土保持措施布局图 1 份，调查表格 1 套，测量卷尺、皮尺等 1 套，GPS 定位仪 1 个，记录用文具 1 套。实习时间 1 周。

1. 野外调查步骤

选定具有代表性的在建交通、矿山、电站等水土流失比较严重的开发建设项目，考察水土流失特点和治理措施特点。也可考察一个已完工项目，主要关注水土流失特点、治理措施特点。野外考察在 2～4 天完成。利用 GPS 定位仪或其他测量工具，在地形图上测量水土流失面积和治理面积、弃土弃渣所占土地面积及弃渣数量等。考察项目水土流失情况，关注径流来源和其排导线路、弃土弃渣来源、开挖和回填边坡等水土流失敏感区域，考察不同防治分区水土流失差异，用简易坡面量测法调查土壤流失量，开发建设项目土壤流失调查表（表 5-5）。

表 5-5 开发建设项目土壤流失调查表

项目名称									
调查地点	压占地类	压占面积/m²	原地面坡度/现地面坡度	挖深或堆高/m	周边植被状况	现植被状况	土壤侵蚀类型	土壤侵蚀强度	水土流失危害

考察开发建设项目水土保持措施体系布局情况和特点，按防治分区调查水土保持措施布置，填写水土保持措施调查表（表5-6）。

表5-6　开发建设项目水土保持措施调查表

项目名称 调查地点	防护对象	占地面积/m²	土壤侵蚀描述	原土地利用类型	治理措施类型	措施规格	与周边措施的衔接	措施运行状况	备注

2. 室内数据处理

室内工作主要是统计计算水土流失面积、土壤流失量、弃土弃渣量，统计计算不同类型措施数量、面积，绘制选定开发建设项目水土流失分布图和措施布局图。

5.4.3　实验报告撰写要求

实验报告按《开发建设项目水土保持设施验收技术规程》（SL387—2007）"开发建设项目水土保持监测报告"格式撰写，以《开发建设项目水土保持监测总结报告》大纲为基本依据，进行实验报告编写，也可根据实验情况选择其中主要内容重新组织提纲撰写。

5.5　遥感图像目视解译实践

5.5.1　实验目的

遥感图像解译（imagery interpretation）是指从遥感图像上获取目标地物信息的过程。地面各种目标地物在遥感图像中存在着不同的色、形、位的差异，构成了可供识别的目标地物特征。实验的主要目的是通过学习目标地物的色调、颜色、阴影、形状、纹理、大小、位置、图形、相关布局等识别特征，使学生熟悉并掌握目视解译标志，掌握遥感图像目视解译的基本方法，熟练掌握遥感图像目视解译的过程。

5.5.2 实验原理

1. 目视解译的一般方法

直接判读法是直接通过遥感图像的解译标志就能确定目标物的类型和属性的方法。一般具有明显形状、色调特征的地物和自然现象，如河流、湖泊、房屋、居民区等，均可用直接判读法辨认。

对比分析法是将要解译的遥感图像，与另一已知的遥感图像样片进行对照，确定目标物属性的方法。它还包括不同种类的遥感图像的对比（如卫星照片与航空照片）和同一时相不同波段的图像的对比。

逻辑推理法是借助各种地物或自然现象之间的内在联系，用逻辑推理方法，间接判断目标物的类型和属性的方法。显然，进行逻辑推理的过程中，判读人员的专业知识与经验是很重要的。判读人员的知识和经验越丰富，越能从容易被人们忽视或难于发现的潜在或微小的图像差异中寻找出目标物的依据，从而提取出更多的有用信息。

2. 目视解译程序

目视解译程序分为 5 个阶段。

（1）资料准备阶段，针对研究对象的需要选择遥感图像的时相和波段，确定图像处理方案和比例尺。

（2）初步解译阶段，以建立的解译标志为基础，根据解译的任务和内容分项进行解译。

（3）野外调查阶段，初步解译的结果，一方面要到野外验证，另一方面要对解译时把握不大和有疑点的地方到野外进行核对。

（4）详细解译阶段，根据实况调查资料全面修正初步解译结果，提高解译可信度，对详细解译图可再次进行野外抽样调查或重点调查，确认可信度，直到满意为止。

（5）制图阶段，遥感图像的目视解译的成果，一般是以图的形式提供的。目视解译图，可由人工描绘制图，也可在人工描绘基础上进行光学印刷制图，或计算机制图。无论哪一种制图都要符合制图精度要求。

3. 目视解译技术要点

（1）目视解译标志的建立。解译人员通过其中某些标志能直接在图像上识别地物或现象的性质、类型和状况；或者通过已识别出的地物或现象，进行相互关系的推理分析，进一步弄清楚其他不易在遥感影像上直接解译的目标。解译标志的建立一方面靠多年的解译经验，另一方面还要靠实际的样方验证。在样方布设中，要选取一些有代表的地方，范围要适中，以便反映该类地貌的典型特征，尽可能多地包含该类地貌中的各种基础地理信息要素类且影像质量好，同时要使样方之间保持一定的距离，作物的种类也不能过于单一。

（2）色调。色调是指影像上黑白深浅的程度，是地物电磁辐射能量大小或地物波谱特征的综合反映。色调用灰阶（灰度）表示，同一地物在不同波段的图像上会有很大差别；同一波段的影像上，由于成像时间和季节的差异，即使同一地区同一地物的色调也会因成分的不同而不同。例如，酸性岩浆具有浅色调；但潮湿的、有机质成分高的土壤、煤层、基性岩浆、超基性岩浆具有较深的色调。

（3）颜色。颜色是指彩色图像上的色别和色阶，如同黑白影像上的色调，它也是地物电磁辐射能量大小的综合反映，用彩色摄影方法获得真彩色影像，地物颜色与天然彩色一致；用光学合成方法获得的假彩色影像，根据需要可以突出某些地物，更便于识别特定目标。

中国东北地区陆地卫星 TM 假彩色数据土地资源信息提取标志中，水田影像深绿色、浅蓝色（春）、粉红色（夏）、绿色与橙色相间（收割后）；旱田影像色调多样，浅灰色或浅黄色（春）、褐色（收割后）、红色或浅红色（夏）；有林地影像深红色、暗红色，色调均匀；灌木林地影像浅红色，色调均匀；河流影像深蓝色、蓝色、浅蓝色；城镇用地影像青灰色，杂有白色或杂色栅格状斑点。

（4）纹理特征。一般很小的物体，在图像上是很难个别地详细表达的，但是一群很小的物体可以给图像上的影像色调造成有规律的重复，即影像的纹理特征。影像的纹理也称为影像结构，是指与色调配合看上去平滑或粗糙的纹理的粗细程度，即图像上目标物表面的质感。草原影像纹理看上去平滑；长大的老树林影像纹理看上去很粗糙；中国东北地区陆地卫星 TM 假彩色数据土地资源信息提取标志中水田影像纹理较均一；有林地有绒状纹理；灌木林影像纹理较粗糙；沼泽地影像纹理细腻。

（5）大小和形状。大小是指地物在相片上的尺寸，如长、宽、面积、体积等。地物的大小特征主要取决于影像比例尺。有了影像的比例尺，就能够建立物体和影像的大小联系。形状是指地物外部轮廓的形状在影像上的反映。不同类型的地面目标有其特定的形状，因此地物影像的形状是目标识别的重要依据。在遥感影像上能看到的是目标物的顶部或平面形状。例如，飞机场、盐田、工厂等都可以通过其形状判读出其功能。

（6）几何特征。地物在影像上的形状受空间分辨率、比例尺、投影性质等的影响。例如，中国东北地区陆地卫星 TM 假彩色数据土地资源信息提取标志中水田几何特征较为明显，田块呈条带状分布；主要分布在丘陵缓坡地带的旱田几何特征不规则，田块界线不清楚，但易于与别的地类相区别；主要分布在平原及山区沟谷的河流几何特征明显，自然弯曲或局部明显平直，边界明显；主要分布于平原、沿海及山间谷地城镇的用地几何形状特征明显，边界清晰；主要分布于湖积平原及西部风沙区的沙地，逐渐过滤，边界不清晰。

5.5.3 实验步骤

1. 目视解译准备工作阶段

遥感图像反映的是地球表层信息，由于地理环境的综合性和区域性特点以及受大气吸收与散射影响等，遥感影像有时存在同质异谱或异质同谱现象，使得遥感图像目视解译存在着一定的不确定性和多解性。为了提高目视解译质量，需要认真做好目视解译前的准备工作。一般说来，准备工作包括明确解译任务与要求、搜集与分析有关资料、选择合适波段与恰当时相的遥感影像。收集工作地区及邻近地区的各种图件（地形图、各种专题地图或其他遥感图像）、文字材料、典型地物的光谱曲线等。在分析已有的各种资料的基础上，建立解译标志。

2. 初步解译与野外考察

初步解译的主要任务是掌握解译区域特点，确立典型解译样区，建立目视解译标志，探索解译方法，为全面解译奠定基础。解译时需遵循从已知到未知、先易后难、从大到小逐级划分的原则，依次进行。重点地区或难于解译的部分可参考相应的航片或已知的地面资料。

3. 室内详细判读

初步解译与野外考察后，为室内判读奠定了基础。建立遥感影像判读标志后，就可以在室内进行详细判读了。

4. 野外验证与补判

室内目视判读的初步结果，需要进行野外验证，以检验目视判读的质量和解译精度。对于详细判读中出现的疑难点、难以判读的地方，则需要在野外验证过程中补充判读。野外实际调查包括航空目测、地面路线考察、定点采集样品（如岩石标本、植被样方、土壤剖面、水质等）和野外地物波谱测定。并向当地有关部门了解区域发展历史和远、近期规划，收集区域自然地理背景材料和国民经济统计数据、农事历等。

在进行野外实地调查时，将解译草图带到现场，进行抽样调查，采集标本、样品，补充修改解译标志，验证各类物体的界线，核实疑点，修改和完善解译草图。根据野外实地调查结果，修正预解译图中的错误，确定未知类型，细化预解译图，形成正式的解译原图。

5. 目视解译成果转绘与制图

遥感图像目视判读成果，一般以专题图或遥感影像图的形式表现出来。将遥感图像目视判读成果转绘成专题图，可以采用两种方法：一种是手工转绘成图；另一种是在精确几何基础的地理地图上采用转绘仪进行转绘成图。完成专题图的转绘后，再绘制专题图图框、图例和比例尺等，对专题图进行整饰加工，形成可供出版的专题图。

5.5.4 实验报告

实验报告的主要内容包括前言、自然地理概况、社会经济状况、土地利用现状等。前言部分主要包括调查目的意义，调查时间，调查地区地理位置、范围及面积，调查人员情况，工作方法，所取得的经验及存在的问题。自然地理概况部分主要包括地质、地貌、气候、水文、土壤、植被等方面情况及其特征。社会经济状况部分主要包括人口、农、林、牧、副、渔各业生产状况及其结构，群众收入及生活水平、生产及生活中存在的问题。土地利用现状部分主要包括各土地类型面积及结构比例、生产状况及评价。

另外，实验报告还应包括实验内容、实验过程及方法、实验结果与分析、实验收获与体会等。

5.6 数据编辑与修改

5.6.1 实验目的

学习 ArcMap 下 Shapefile 数据的编辑与修改，利用 Editor 工具栏进行点、线、面数据的编辑与修改。

5.6.2 实验内容

1. 编辑点、线、面文件的流程

在 ArcMap 中，将点、线、面文件添加到当前 Data Frame 中。

（1）打开 Editor 工具条：点击 Tools 菜单-Customize-Editor-Close。

（2）开始编辑：点击 Editor 下拉按钮，选择 Start Editing，在目标图层（Target）中选择要进行编辑的图层，在任务（Task）中选择要进行编辑的相应任务。

（3）进行编辑：选择绘图工具或使用编辑菜单进行各种编辑，如创建、删除、复制、分割、合并等操作。

（4）保存编辑：点击 Editor 下拉按钮-Save Edits。

（5）停止编辑：点击 Editor 下拉按钮-Stop Editing。

2. Task 主要任务

Create New Features：创建新的要素。选中画笔，在左侧选中相应类型的文件，在上侧工具栏里选中 Target 中的相应类型画出点、线、面。

Reshape Feature：整形要素。选中要素，使用 Sketch 工具画线，该任务会自动根据闭合的图形整形要素。

Cut Polygon Feature：对多边形要素进行内部分割，选中多边形，使用 Sketch 工具在多边形内部进行分割，则在当前图层生成新的图形。

Mirror Features：镜像要素。选中要素，使用 Sketch 工具画线，则以该线为对称轴复制该要素。

Extend/Trim Features：延伸/切割线要素。选中需要延伸到的边界线，选择需要延伸的线要素，则线要素延伸到边界线；选中需要切割的参照线，选择需要切割的线要素，则线要素被参照线切割。

Modify Features：选择该任务则使要素进入草图状态。

3. 绘图工具

Sketch Tool：使用草图工具来创建点、线、面要素的节点。双击或 F2 键结束草图状态，转化为要素。

Intersection Tool：使用相交工具在两个线要素相交（或延长相交）的地方创建一个节点。操作：鼠标放在相交的两条线上，当出现虚线时鼠标左键单击一下，即可创建节点。

Arc Tool：创建一个带参数的弧段，该弧段只有两个节点。操作：点击一个点作为起点，点击第二个点作为轴的方向（该点不可见），最后点击一个点作为终点。

Midpoint Tool：自动计算鼠标点击的两点的中点，自动创建节点。

End point Arc Tool：创建指定半径的弧段。操作：点击两点分别作为起止点，按 R 键输入半径。

Tangent Tool：创建与指定线相切的弧段，形成一个完整的要素。操作：选中线，进入草图状态，选择该工具。

Distance-Distance Tool：确定在距两点指定的距离处的点。操作：鼠标点击一目标点，按 R 键输入半径，再点击另外一目标点，按 R 键输入半径。

Direction-Distance Tool：确定在距某点指定角度和另一点指定距离处的点。操作：点击要指定方向的点，按 A 键输入角度（逆时针），然后点击要指定距离的点，按 D 键输入距离。

Trace Tool：跟踪已有的要素，按照设置的偏移量画出新的要素。操作：选中已有要素，使用 Trace 工具，按 O 键设置偏移量（前加空格表示负偏移量），然后在地图上任意单击一点开始跟踪。

4. 编辑菜单

编辑菜单包括主要的编辑任务的一些通用设置，包括开始/停止编辑、是否保存编辑、编辑捕捉环境的设置和其他一些选项的设置。

Move：选中某要素，输入 X、Y 的偏移量，移动该要素。

Split：打断线，与目标图层无关。可以按照长度、比例和 m 度量值三种方式打断线。

Divide：与目标图层有关。如果目标图层是线图层，可以打断线，将线打断成两部分；如果目标图层是点图层，则生成 4 个点（加上线的 2 个端点）。

Buffer：生成缓冲区，与目标图层有关，可以是线图层也可以是面图层（最好先用 measure 工具量测一下距离）。

Copy parallel：复制线，与目标图层有关，按照指定的距离生成新的线要素。

Merge：与目标图层无关，其属性和 Merge 对话框中选择的某个要素一致。

Union：与目标图层有关，生成的要素无属性值。

Intersect：对于重叠或部分重叠的线或多边形，将重叠部分生成新要素，与目标图层有关。

Clip：利用线或面的缓冲区来裁剪面要素，与目标图层无关。

5. 点的主要生成方法

草图工具生成任意点。选择绘图工具下的 Sketch Tool 工具，在图上任意位置单击鼠标左键。

输入绝对坐标生成点。选择绘图工具下的 Sketch Tool 工具，在图上任意位置单击鼠标右键，在弹出草图工具内容菜单（Sketch tool context menu）里选择 Absolute X，Y。在弹出的对话框里输入 X、Y 坐标生成点。

输入坐标增量生成结点。选择绘图工具下的 Sketch Tool 工具，在图上任意位置单击鼠标右键，在弹出草图工具内容菜单（Sketch tool context menu）里选择 Delta X，Y。在弹出的对话框里输入 X、Y 坐标生成线段的结点。

6. 线的主要生成方法

草图工具生成任意线。选择绘图工具下的 Sketch Tool 工具，在图上任意位置单击鼠标左键生成起点，再单击鼠标左键生成第二个结点，单击鼠标右键，在草图工具内容菜单里选择 Finish sketch，结束绘图。

定义角度参数生成线。选择绘图工具下的 Sketch Tool 工具，在图上任意位置单击鼠标左键生成起点，然后单击鼠标右键，在弹出草图工具内容菜单里选择 Direction 选项，在弹出的对话框中输入角度值。

定义长度参数生成线。选择绘图工具下的 Sketch Tool 工具，在图上任意位置单击鼠标左键生成起点，然后单击鼠标右键，在弹出草图工具内容菜单里选择 Length 选项，在弹出的对话框中输入长度值。

定义角度长度参数生成线。选择绘图工具下的 Sketch Tool 工具，在图上任意位置单击鼠标左键生成起点，然后单击鼠标右键，在弹出草图工具内容菜单里选择 Direction/Length 选项，在弹出的对话框中输入角度/长度值。

平行线、垂直线、角度线的生成。选择绘图工具下的 Sketch Tool 工具，在图上任意位置单击鼠标左键生成起点，然后选择参考线，在参考线上单击鼠标右键，在弹出草图工具内容菜单里选择 Parallel、Perpendicular、Segment deflection 选项。

7. 面的主要生成方法

草图工具生成面。选择绘图工具下的 Sketch Tool 工具，在图上任意位置单击鼠标左键生成起点，依次输入结点，最后闭合成区。

坐标生成面。使用绝对坐标或坐标增量的方法，可用来生成直角多边形。

直角结束方式生成面。结束时单击鼠标右键，在草图工具内容菜单（Sketch tool context menu）里选择 Square and finish。

8. 结束草图工具（编辑）的三种方式

（1）双击鼠标左键。

（2）单击鼠标右键（选择 Finish sketch）。

（3）F2 键。

5.7 空间数据查找与空间分析

5.7.1 实验目的

学习空间数据的查找与空间分析，掌握图斑的查找，缓冲区分析，空间数据合并、去除、叠加等空间分析方法。

5.7.2 实验内容

1. 要素选择

ArcMap 提供了多种手段选择图形要素，如单个要素选择、多个要素选择等，并且可以对选择的要素进行各种操作，如显示参数调整、统计分析、转换输出等。

（1）利用选择要素工具选择。在 ArcMap 界面中，利用选择要素工具（Select Features Tool）选择操作，主要步骤包括：设置可选择图层、设置选择"选项"，进行单要素或多要素选择。

选择 Selection 菜单下的 Set Selectable Layers（设置可选择图层）命令，打开 Set Selectable Layers 对话框，并根据需要进行选择图层。

选择 Selection 菜单下的 Interactive Selection Method（交互选择方法）中的命令，确定选择方法。

选择 Selection 菜单下的 options 命令，打开 Selection options（选择选项）对话框。

在 Interactive Selection 选项组中确定选择框与选择要素的关系。

在 Selection 文本框中确定选择要素误差范围为 3。

在 Selection Color（选择颜色）选项组中确定选择要素高亮度显示的颜色。

单击 OK 按钮，完成选择设置。

在 Tools 工具栏中单击 Select Features 按钮。

单击要选择的要素（按住 Shift 并单击多个要素，可选择多个要素）；或按住鼠标在 ArcMap 图形窗口中拖动形成一个长方形，将要选择的要素框起来（要选择更多要素时，可按住 Shift 键，再次定义要素选择框）；或选择 Selection 菜单下的 Interactive Selection Method 中的 Add to Current Select（添加到当前选择中）。

（2）通过要素属性选择。在 GIS 中，图形与属性是一体化管理。所以，可以借助属性选择图形要素。其主要原理是通过属性选择对话框，按照结构化查询语言（SQL），建立由属性字段、逻辑或算术运算符号、属性数值或字符串组成的选择条件表达式，然后按照选择条件选择所需要的图形要素。利用属性选择要素的主要步骤如下。

在 Table of Content（内容列表）中，右击需要进行选择操作的图层，在弹出的快捷菜单中选择 open Layer Properties（打开图层属性），打开图层属性表。

单击属性表记录前面的灰色按钮选择记录，图形要素同时被选中。也可以按住 Shift 键，并单击属性表记录最前面的灰色按钮选择多个要素。或者单击图层属性表右下侧"选项"列表中的"通过属性选择"，打开 Select By Attributes（通过属性选择）对话框。或者单击 Selection 菜单下的 Select By Attributes 命令。

在 Layer（图层）下拉列表框中确定包含查找属性的数据层。

在 Method（方法）下拉列表中确定选择的方法为 Create a new selection。

在 Field（字段）列表框中选择字段，并双击左键，将字段添加到 SQL 表达式列表框中。在逻辑操作符面板单击需要的操作符。在 Unique Values 列表框中选择属性值，并双击左键。这样，就建立了一个完整的 SQL 条件表达式。

单击 Apply（应用）按钮。则符合条件的记录将被选择，相应的图形要素以高亮度显示。

注：此方法也可以用于查找符合特定条件的要素。

（3）根据空间位置选择。根据空间位置选择就是通过空间位置查找要素，按照同一数据层不同要素之间或不同数据层的不同要素之间的空间关系，采用各种判断方法选择图层要素。ArcMap 提供的空间位置关系表达式主要有以下几种。

① Intersect（相交）：选择与参与要素相交的图形要素，包括以参考要素作为边界的那些图形要素。

② Are within a distance of（在一个距离内）：选择与同一数据层的某个或某些要素距离一定值的图形要素，当距离值为零时，就是选择与这些要素相邻或相接的图形要素。

③ Completely Contain（完全包括）：选择多边形要素，条件是多边形完全包含另一个数据层的要素。

④ Arc Completely within（完全位于）：选择完全被另一个数据层的多边形要素包含

的图形要素。

⑤ Have Their Center In（中心位于）：选择多边形要素，则这些多边形要素的中心位于另一个数据层的多边形要素中。但本方法不能用于选择点状要素。

⑥ Share a line segment with（与……共线）：选择那些与其他要素具有 Segments（公共边线）、Vertices（结点）、Node（端点）的要素。穿过线的线与多边形要素不被选中。

⑦ Touch the Boundary of（边界相接）：选择与另一个数据层的要素边界（Boundary）具有相接（Touch）关系的图形要素。如果利用多边形图层要素，本方法可以选择与多边形具有公共线段、结点或顶点的多边形或现状要素，但穿过多边形边界的线或多边形将不被选中。此方法可用于选择点状要素。

⑧Are Identical To（等同于）：选择与另一个数据层的要素具有相同几何特性的图形要素。要素类型必须相同，即必须利用多边形选择多边形，线选择线，点选择点。

⑨ Are Crossed By The outline of（被……边界线围绕）：选择被另一个数据层的图形要素覆盖（overlay）的图形要素。

⑩ Contain（包含）：与 Completely Contain 有共同点，区别在于所选择的要素既包括完全包含的要素，也包括部分包含的要素。

⑪ Are Contain By（包含于）：与 Contain 相对，与 Arc Completely within 的区别在于既包括完全被包含的要素，也包括部分被包含的要素。

ArcMap 中根据空间位置选择图形要素的基本步骤如下。

在 ArcMap 窗口中选择 Selection，选择 Select By Location 命令，打开 Select By Location 对话框。

在 I want to 下拉列表框中确定选择方法。

在 The following layers 列表框中确定选择要素所在的数据层。

在 That 下拉框中确定要素选择条件为 Are completely within。

在 The features in this layer 下拉列表框中确定作为查找空间定位的数据层。

选中 Apply a buffer to the feature 复选框，确定缓冲距离和单位。

单击 Apply 按钮。执行选择操作，被选中的要素在图形窗口中以高亮度显示。

注：可以利用此种选择方法查找具有某种空间关系的要素。

（4）依据图形选择要素。根据图形选择要素（Select By Graphic）是指根据要素与图形之间的相交关系选择要素。

ArcMap 中依据图形选择要素的基本步骤如下。

单击 Draw 工具栏中的 New Graphic Tool（新图形工具）按钮右侧的下三角按钮，在弹出的面板中选择一种工具。

绘制一个新的图形。可以选择 Fill Color（填充颜色）面板中的 No Color（没有颜色）。这样，在此图形被选中时，可以看到位于图形下面的要素。如果已经存在"图形"要素了，只需选择 Select Features Tool，将指定"图形"选中就可以了。

选择 Selection 菜单中的 Set Selection Layer 命令，将要选择要素所在的图层前面的复选框选中。

选择 Selection 菜单中的 Select By Graphics 命令，则与"选中图形"相交或位于"选中图形"内部的图形要素将被选中，以亮色突显出来。

注：以上 4 种选择方法，可综合应用。

2. 空间分析

（1）缓冲区分析。缓冲区分析（Buffer）是对选中的一组或一类地图要素（点、线或面）按设定的距离条件，围绕其要素而形成一定缓冲区多边形实体，从而实现数据在二维空间得以扩展的信息分析方法。缓冲区类型：点状、线状、面状要素缓冲区。

ArcGIS 中建立缓冲区。对一个区域内的邮箱的影响覆盖范围（以 1000m 为例）做分析：

对点文件邮箱的分布图 postbox.shp 进行分析操作，首先打开菜单 Tools 下的 Customize 选择 Command 标签。

在弹出的 Command 对话框中在左边的 Categories 框中选择 Tools，在出现右边的 Command 框中选择 Buffer wizard，拖动其放置到工具栏上的空处，出现图标 。

利用选择工具，选择要进行分析的邮箱的点状要素，然后点击 ，出现 Buffer wizard 对话框，选择要进行缓冲区分析的 postbox 文件，其中有选择要素和未选择要素时在 Use only the selected feature 复选框前打勾（仅对已选择主题中的元素进行分析），单击下一步。

这时打开的是缓冲区分析形式对话框，其中有三种方式选择来进行建立不同种类的缓冲区：①At a specified distance 是以一个给定的距离建立缓冲区（普通缓冲区）；②Based on a distance from an attribute 是以分析对象的属性值作为权值建立缓冲区（属性权值缓冲区）；③An multiple buffer rings 是建立一个给定环个数和间距的分级缓冲区（分级缓冲区）。

选择普通缓冲区，给定 1000m 作为缓冲范围，在下面选择合适的单位，单击下一步。

在 Dissolve barriers between 中选择是否将相交的缓冲区融合在一起。

在 Create buffers so they are 选项中对多边形进行的内缓冲和外缓冲的选择。

在 When you want the buffers to be saved 选项卡中的是生成文件的选择，第一个是生成一个图形文件，第二个是是否在已经生成的文件上添加，第三个是重新生成一个新的文件，选择最后一个给定其存放路径和文件名。

单击完成，进行缓冲区建立。

不同的缓冲区建立方法形式得到的缓冲区也有一定的区别，在实际应用中要根据不同的需要和应用方向来选择合适的建立的形式和方法。

（2）叠置分析。叠置分析是用来提取空间隐含信息的方法之一，叠置分析是将有关主题层组成的各个数据层面进行叠置产生一个新的数据层面，其结果综合了原来两个或多个层面要素所具有的属性，同时叠置分析不仅生成了新的空间关系，而且还将输入的多个数据层的属性联系起来产生了新的属性关系。其中，被叠加的要素层面必须是基于相同坐标系统的，同一地带，还必须查验叠加层面之间的基准面是否相同。分为图层擦除、识别叠加、交集操作、均匀差值、图层合并和修正更新。

图层擦除（Erase）：指输入图层根据擦除图层的范围大小，将擦除参照图层所覆盖的输入图层内的要素去除，最后得到剩余输入图层的结果。具体表现如下：

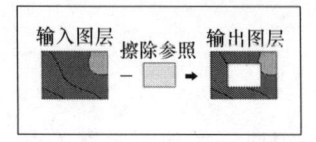

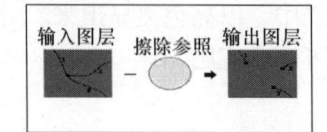

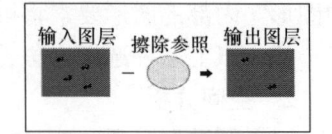

在 ArcGIS 中的实现：首先打开 ArcMap 主界面，点击 ArcToolbox 按钮，打开 ArcToolbox 工具箱，在 ArcToolbox 中选择 Analyst Tools，打开后选择 overlay 中的 Erase 选项，双击打开 Erase 对话框；在 Erase 操作对话框中填入输入图层（Input Features）、擦除参照（Erase Feature）、输出图层（output Feature Class）和分类容许量及单位，在右下角的环境设置（Environments）中，可以对输入输出数据的参数进行设置；单击 OK，进行操作，得到结果。

交集操作（Intersect）：交集操作是得到两个图层的交集部分，并且原图层的所有属性将同时在得到的新的图层上显示出来。交集的情形有 7 种，在 ArcGIS 中的实现如下（以多边形为例）。

从 ArcToolbox 中选择 Analyst Tools，打开后选择 overlay 中的 Intersect 选项，打开其对话框，然后逐个输入要进行相交的图层（Input Features），按右边的"加号"来将图层添加进来，在中间"Features"组合框内的就是要进行相交操作的图层列表，输入要输出的文件的路径和名称（Output Feature Class），同时在下方的属性字段中选择要进行连接的属性字段（Join Attributes）或全部，输出文件的类型，也可以对环境参数进行相关的设置，单击 OK，进行交集操作。

在此之中要注意的是，同时当输入几个图层是不同维数时（例如，线和多边形，点和多边形，点和线），输出的结果的几何类型也就会是输入图层的最低维数据的几何形态。

图层合并（Union）：是通过把两个图层的区域范围联合起来而保持来自输入地图和叠加地图的所有地图要素。在 ArcGIS 中实现图层合并的操作是：从 ArcToolbox 中选择 Analyst Tools，打开后选择 overlay 中的 Union 选项，打开其对话框，然后逐个输入要进行合并的图层（Input Features），按右边的"加号"来将图层添加进来，在中间"Features"组合框内的就是要进行合并操作的图层列表，输入要输出的文件的路径和名称（Output Features），同时在下方的属性字段中选择要进行连接的属性字段（Join Attributes）或全部，输出文件的类型，也可以对环境参数进行相关的设置，单击 OK 进行合并操作。

5.8 栅格数据矢量化

5.8.1 实验目的

学习栅格数据矢量化的方法。介绍 ArcScan 扩展模块的功能，掌握 ArcScan 矢量化工具的各项操作，能独立完成图幅的矢量化、整饰等内容。

5.8.2 实验内容

ArcScan 是 ArcMap Desktop 中栅格矢量化的扩展工具，提供了一套强大且易使用的栅格矢量化工具，使得用户可以通过捕捉栅格要素，以交互追踪或批处理的方式直接通过栅格影像创建矢量数据。

1. ArcScan 栅格数据矢量化流程

（1）激活 ArcScan。在 ArcMap 菜单栏中单击 Tools 下拉菜单；在下拉菜单中选择 Extensions 命令，弹出 Extensions 对话框；选中对话框中的 ArcScan 前的复选框，就可在 ArcMap 中激活 ArcScan 工具。

（2）打开 ArcScan 工具栏。ArcScan 作为矢量化工具，可以在 ArcMap 应用程序中调用操作。

在 ArcMap 窗口菜单栏中选择 View-Toolbars-ArcScan 菜单命令，将 ArcMap Desktop 的扩展模块添加到程序中。

ArcScan 工具栏将自动弹出，显示到 ArcMap 桌面上，但如果本地图文档中没有栅格数据，工具栏是灰色的（不可用）。

（3）栅格数据二值化。将需要矢量化的栅格地图添加到 ArcMap 中。如果有必要，对该栅格数据进行二值化处理，这里的二值化，其实是将栅格图像的符号化方案设置为两种颜色分类显示，相当于将栅格数据划分为是或否两个种类。完成二值化以后，ArcScan 工具栏仍然是不可用的。

（4）设置新要素存储的载体。将先前创建好的 Shapefile 地图层和先前创建好的矢量图层添加到同一个地图文档中。之后按照前述激活 ArcScan 工具栏，并且选择 Start editing 按钮，ArcScan 工具栏便可以用了。

2. 要素生成环境设置

主要介绍要素生成过程 Vectorization 下的 option 选项中某些参数的设置，在 Vectorization option 对话框中可以设置在 Vectorization Method（普通方法）选项组中选择 Centerline（中心线）或 outline（轮廓线），设置栅格色调的前景色和背景色。利用 Toggle colors 按钮可以改变前景色和背景色的设置。在 Preview symbols 选项组中可以设置线和多边形的颜色、色调和图案。

3. 交互式跟踪矢量化

（1）导入数据。启动 ArcMap；单击标准工具栏上的 open 按钮；选择默认安装在"C：\ARCGIS\ARCTUToR\ARCSCAN"文件夹中 ArcScanTrace.mxd，单击 OK 按钮导入数据。

（2）改变栅格图层的特征。必须对栅格图像进行二值化处理后才能利用 ArcScan 的工具或命令，可以通过拉伸来改变栅格特征进行二值化处理。

在 ArcMap 数据窗口中选择 Parcelscan.img 栅格图层，右击并在打开的快捷菜单中选择 Properties 命令；在随后打开的 Layer properties 对话框中切换到 Symbology 选项卡；在 Show 列表框中，单击 Unique values；单击 OK 按钮。

（3）进入编辑状态。ArcScan 扩展模块必须在编辑状态下才能使用，在 Editor 工具栏中单击 Editor 右侧的下三角按钮打开 Editor 下拉菜单，在其中选择 Start editing 命令进入编辑状态，ArcScan 工具栏中的工具被激活。

（4）设置栅格捕捉选项。栅格捕捉设置影响跟踪过程，这些设置在 Raster snapping

options 对话框中进行设置。

在 ArcScan 工具栏上单击 Raster snapping options 按钮，打开对话框；将 Maximum width 设置为 7，进行这一设置是为了在跟踪时能够捕捉到位于边界位置的栅格像元；单击 OK 按钮；在 Editor 工具栏中的 Editor 右侧的下三角按钮打开 Editor 下拉菜单，在其中选择 Snapping 命令来打开 Snapping environment 对话框；在该对话框中的列表中单击"+"号展开；选择 Centerlines 工具和 Intersection 工具来进行捕捉。

（5）跟踪栅格像元来建立线要素。设置好栅格捕捉环境后，就可以开始栅格像元跟踪了，可以利用 Vectorization trace 工具来创建线要素。

在 ArcScan 工具栏中单击 Vectorization trace 按钮；移动鼠标指针到捕捉的边界交点后单击，开始跟踪；利用 Vectorization trace 工具创建线要素；继续利用 Vectorization trace 工具来跟踪外部边缘；当跟踪完成整个边界，按 F2 键完成草图。一个新的线要素生成。

（6）跟踪栅格像元来创建面要素。改变编辑的目标层，选择 Parcel polygons 图层来创建面状要素。在 Editor 工具栏的 Target 下拉列表框中选择 Parcel polygons 选项；在 ArcScan 工具栏中单击 Vectorization trace 工具；移动鼠标指针到捕捉到的地块左下角并单击，开始跟踪；单击地块的右下角，创建面的一段变线；逆时针方向继续跟踪地块；当鼠标指针回到开始点时按 F2 功能键完成创建面；重复上述过程，直至完成全部编辑过程，在 Editor 下拉菜单中选择的 Save edits 命令，保存结果；在 Editor 下拉菜单中选择 Stop editing 命令，退出编辑状态。

5.9 地图创建、整饰与输出

5.9.1 实验目的

掌握 ArcMap 下创建图表和报告，掌握版面视图的设计和制作。

5.9.2 实验内容

1. 创建图表与使用图表

ArcMap 提供了制作二维统计图和三维统计图的功能，可以完成面状统计图（Area）、柱状统计图（Bar/Column）、线状统计图（Line）、饼状统计图（Pie）、散点统计图（Scatter）、冒泡统计图（Bubble）、玫瑰统计图（Polar）和域值统计图（High-Low-Close）等，每一种又包含若干子类，分别应用于不同专业领域或不同数据类型。由属性表数据制作的统计图形，可以加载到输出地图版面中，使输出地图内容更加完整，为用图者提供更多的信息量。

（1）单一统计图制作。在 ArcMap 主菜单栏中单击 Tools 菜单，打开 Tools 下拉菜单；在下拉菜单中将鼠标指针指向 Graphs 命令，展开其级联菜单；选择 Create 命令，打开 Create Graph Wizard 对话框；在 Graph type 列表框中选择统计图表的类型为 Column；在 Layer/Table 列表框中选择要做图表的数据层；在 Value field 列表框中选择要做图表的属性字段；对图表显示做一些参数设置：是否加入图例（Add to legend）、调整图表的显示颜色（Color）、柱状条的类型（Bar style）、柱状条的大小（Size）、是否显示边框（Show border）；设置完以后点击下一步，设置图表的标题（Title）、注脚（Footer）、是否3D显示（Graph in 3D view）；设置图例的标题（Title）和显示位置（Position）；点击 Finish，完成统计图表的制作。

（2）统计图表的编辑。统计图生成以后，可进行编辑修改，诸如改变统计图类型、调整坐标轴、变换图形颜色和改变图名图例的参数等。操作：在 ArcMap 菜单栏中单击 Tools 菜单，打开 Tool 下拉菜单；将鼠标指针指向 Graphs 命令，展开其级联菜单；在级联菜单中找到相应的统计图表并打开；在统计图表上单击鼠标右键，在快捷菜单中选择 Properties 命令，打开 Graph Properties 对话框；对相应的参数和显示进行调整。

（3）统计图表的管理。在一个 ArcMap 地图文档中，可以根据需要生成若干统计图。ArcMap 提供了对这些统计图进行管理操作的功能，包括打开统计图、删除统计图、重命名，将统计图放置在版面视图以便作为地图要素输出等。操作：在 ArcMap 菜单栏中单击 Tools 菜单，打开 Tool 下拉菜单；将鼠标指针指向 Graphs 命令，展开其级联菜单；选择 Manage 命令，打开 Graph Manager 对话框（该对话框中列出了该地图文档中所有的统计图）；在需要管理的统计图上单击鼠标右键，可以进行保存（Save）、删除（Delete）、重命名（Rename）、添加到版面试图（Add to Layout）等，并且可以打开图表属性（Graph Properties）对话框，对图表进行修改。

（4）统计图表的输出。编制好的统计图，可以按照用户的需要输出成多种类型：保存为统计图文件（Save）、打印输出（Print）、输出为栅格文件（Export）、输出到剪贴板（Copy Graph to Clipboard）等，以上操作都可以借助统计图操作快捷菜单完成。

2. 创建报告和使用报告

统计报告（Report）是根据空间数据的属性字段进行统计生成的表格结果。统计报告可以简单明了地表达空间数据本身的统计特征，并反映空间数据之间的相互关系。统计报告一旦生成，可以根据需要插入到输出地图，或保存为文件，或转换为其他格式进行分发。ArcMap 提供了两种不同类型的统计报告形式：表格统计报告（Tabular Report）和列排统计报告（Columnar Report）。表格统计报告以表格形式表达统计结果，其中表格的行代表属性数据的记录，列代表属性数据的字段；列排统计报告以竖行的形式排列属性数据的字段名称及其数值。

（1）创建报告的过程。在 ArcMap 菜单栏中单击 Tools 菜单，打开 Tool 下拉菜单；将鼠标指针指向 Reports 命令，展开其级联菜单；选择 Create Report 命令，打开 Report Properties 对话框；在对话框中单击 Fields 标签，切换到 Fields 选项卡；在 Layer/Table 下拉列表框中选择需要生成统计报告的数据层或属性表；在 Available Fields 列表框中，双击需要在统计报告中包含的属性字段：Name；被选择的属性字段添加到 Report Fields 列表框中；重复上一步操作，将所需要的属性字段全部添加到 Report Fields 列表框中；单击 Report Fields 列表框右侧的上下箭头按钮，可以调整属性字段顺序；如果事先已经存在一组选择数据，确定选中 Use Selected Set 复选框；单击 Sorting 标签，切换到 Sorting 选项卡；在 Sort 字段下面的单元格内单击，选择每个属性字段的排序方式：升序（Ascending）、不排序（None）或降序（Descending）；单击 Display 标签，切换到 Display 选项卡；在 Setting 列表框中单击 Elements，展开统计报告要素项；单击 Title

（统计报告的标题）；在 Property/Value 列表框中分别单击 Font、Height 设置标题的字体与大小；在 Property/Value 列表框中单击 Text 对应的 Value 单元格输入统计报告标题；单击 Report Properties 对话框右下角的 Show Settings 按钮预览报告效果；如果满意，单击 Report Properties 对话框的 Generate Report 按钮；生成统计报告，并在 Report Viewer 窗口中显示。

（2）统计报告的参数设置。要获得比较满意的统计报告，必须进行精心的设置，包括报告类型、纸张大小、纸边尺寸、报告宽度与高度等，所有这些参数都取决于用户对报告的要求以及报告的输出方式。设置选项主要都在 Display 选项卡下。

（3）统计报告的保存输出。统计报告生成以后，可保存为报告文件（*.rdf），统计报告文件虽然完全脱离了原始数据，不再随数据的变化而同步变化，但可随时调用（Load）、打印输出（Print）、输出文本文件（Export：pdf/rtf/txt）、加载到输出地图中（Add）等。

3. 图版设置与地图整饰

ArcMap 窗口包括数据视图（Data View）和版面视图（Layout View），在正式输出地图之前首先应该进入版面视图，并按照地图的用途、比例尺、打印机或绘图仪型号、设置版面尺寸，即纸张大小。

（1）进入版面视图。在 ArcMap 窗口主菜单栏中单击 View 菜单，打开 View 下拉菜单；选择 Layout View 命令，进入版面视图；可以利用 ArcMap 视窗左下角的快捷键进行快速切换。

（2）设置图面大小尺寸。

A. 按打印机纸张设置。在 ArcMap 窗口版面视图中，将鼠标指针放在 Layout 窗口默认纸张边沿以外并右击；在快捷菜单中选择 Page and Print Setup 命令；打开 Page and Print Setup 对话框，选中 Use Printer Paper Setting 复选框，进入打印机设置状态（Print Setup）；在 Name 下拉列表框中确定打印机；在 Paper 选项组的 Size 列表框中选择纸张大小：A4；单击确定纸张尺寸单位：Centimeters；确定纸张方向（横向或纵向）：选中 Paper 选项组的单选按钮 Landscape；设置按照纸张尺寸自动调整地图比例尺，选中 Scale Map Elements proportionally to changes in Page size 复选框；设置在地图输出窗口中显示地图打印边界：选中 Show Printer Margins on Layout 复选框；单击 OK 按钮（完成地图图面尺寸设置）。

B. 按标准图纸或自由设置。如需按标准图纸尺寸或按用户需要进行地图图面尺寸设置时，步骤如下：前 2 步与打印机纸张设置相同；取消选中 Use Printer Paper Setting 复选框，进入自由设置状态（Custom）；在 Standard 下拉列表框中选择纸张类型：Custom；在 Width 右边的下拉列表框中选择纸张尺寸单位：Centimeters；在 Map Page Size 选项组的 Width 文本框中输入图纸宽度；在 Map Page Size 选项组的 Height 文本框中输入图纸高度；确定纸张方向（横向或纵向）：选中 Portrait 单选按钮；设置按照纸张尺寸自动调整地图比例尺，选中 Scale Map Elements proportionally to changes in page size 复选框；单击 OK 按钮。

（3）地图整饰。数据组是地图的主要内容，一幅完整的地图除了包含反映地理数据的线划及色彩要素以外，还必须包含与地理数据相关的一系列辅助要素，如图名、图例、比例尺、指北针、统计图表等，所有这些辅助要素的放置，都是地图整饰。

A. 添加与修改图名。在 ArcMap 窗口主菜单栏中单击 Insert 菜单，打开 Insert 下拉菜单；选择 Title 命令，版面视图中出现 Enter Map Title 矩形输入框；在 Enter Map Title 矩形输入框中输入所需要的图名；将图名的矩形框拖到图面的合适位置；在输入框上单击鼠标右键，选择 Properties 命令，进入图名属性设置对话框，可以调整图名的字体、大小、颜色、黑体、斜体、下划线等参数。

B. 添加与修改图例。在 ArcMap 窗口主菜单栏上单击 Insert 菜单，打开 Insert 下拉菜单；选择 Legend 命令，打开 Legend Wizard 对话框；选择 Map Layers 列表框中的数据层，单击右箭头按钮，将其加载到 Legend Items 列表框中；选择 Legend Items 列表框中的数据层，单击左箭头返回到 Map Layers 列表（通过上述两步操作，确定图例中所表现的数据层内容）；选择 Legend Items 列表框中的数据层，单击向上箭头或向下箭头调整顺序（调整数据层符号在图例中排列的上下次序）；在 Set the number of columns in your legend 微调框中确定图例按照几行排列就设定为几，例如，2 行排列: 2；单击"下一步"按钮，打开 Legend Wizard 对话框（Legend Title），在此对话框中输入图例标题；在 Legend Title font properties 选项组中，设置下列图例标题参数: 颜色、标题大小、字体；单击 Preview 按钮，预览图例标题设置效果；单击"下一步"按钮，打开 Legend Wizard 对话框（Legend Frame），在此对话框中单击 Border 下拉列表框的下拉箭头，选择图例背景边框符号；单击 Background 下拉列表框的下拉箭头，设置图例背景色彩；单击 Drop Shadow 下拉列表框的下拉箭头，设置图例阴影色彩；单击 Preview 按钮，预览图例整体显示设置效果；单击"下一步"按钮，打开 Legend Wizard 对话框并显示 Patch 选项组，设置其属性，包括：图例方框宽度（Width）、图例方框高度（Height）、轮廓线属性（Line）、图例方框色彩属性（Area）；单击 Preview 按钮，预览图例符号显示设置效果；单击"下一步"按钮，打开 Legend Wizard 对话框（显示 Spacing between 选项组），依次设置图例属性；单击 Preview 按钮，预览图例符号显示设置效果；如果效果满意，单击"完成"按钮，完成图例设置；单击新建的图例，按住鼠标左键拖动，将其拖动到合适的位置。

C. 添加与修改比例尺。地图上标注的比例尺分为数字比例尺和图形比例尺两种，数字比例尺非常精确地表达地图要素和所代表的地物之间的定量关系，但不够直观，而随着地图的变形与缩放，数字比例尺标注的数字是无法相应变化的，无法直接用于地图的量测；而图形比例尺虽然不能精确地表达制图比例，但可以用于地图测量，而且随地图本身的变形与缩放一起变化。以图形比例尺为例，添加比例尺的步骤如下。

在 ArcMap 窗口主菜单栏中单击 Insert 菜单，打开 Insert 下拉菜单；选择 Scale Bar 命令，打开 Scale Bar Selector 对话框；在比例尺符号类型列表框中选择比例尺符号: Alternating Scale Bar；单击 Properties 按钮，打开 Scale Bar 对话框；单击 Scale and Units 标签，切换到 Scale and Units 选项卡；在 Division Value 文本框中输入比例尺分划数值；在 Number of Divisions 微调框中输入比例尺分划数量；在 Number of subdivisions 微调框中输入比例尺细分数量；在 When resizing 下拉列表框中设置比例尺调整宽度；在 Division Units 下拉列表框中选择比例尺数值分划单位；在 Label Position 下拉列表框中选择数值单位标注位置；单击 Symbol 按钮，选择比例尺单位标注字体类型；在 Gap 微调框中设置标注与比例尺图形之间的距离；单击"确定"按钮；单击 OK 按钮；任意移动比例尺图形到合适地位置；如果想要修改比例尺，在比例尺符号上单击鼠标右键，在弹出的快捷菜单中选择 Properties 命令。

D. 添加指北针。在 ArcMap 窗口主菜单栏中单击 Insert 菜单，打开 Insert 下拉菜单；在下拉菜单中选择 North Arrow 命令，打开 North Arrow Selector 对话框，选择一种类型；如果需要进一步设置参数，单击 Properties 按钮；打开 North Arrow 对话框，确定指北针的大小、颜色、角度；单击"确定"按钮；单击 OK 按钮；移动指北针到合适的位置，调整指北针大小直到满意为止。

E. 添加图表和报告。参见上面有关图表和报告的部分。

（4）打印输出。